无机化学实验

李　霞　张有智　贾　瑛　编

西北工业大学出版社

【内容简介】 本书共7章内容，主要包括两大部分：一部分是与化学实验相关的基础知识和基本技能，另一部分是包括基础性实验、综合性实验和设计性实验在内的15个无机化学典型实验。

本书所选实验内容具有基础性、实用性和先进性，适合作为各高校化学及相关专业少学时无机化学实验课程的教材。

图书在版编目(CIP)数据

无机化学实验/李霞，张有智，贾瑛编．—西安：西北工业大学出版社，2011.7
ISBN 978-7-5612-3127-2

Ⅰ.①无… Ⅱ.①李…②张…③贾… Ⅲ.①无机化学—化学实验—高等学校—教材
Ⅳ.①O61-33

中国版本图书馆CIP数据核字(2011)第159352号

出版发行：西北工业大学出版社
通信地址：西安市友谊西路127号 **邮编**：710072
电　　话：(029)88493844 88491757
网　　址：www.nwpup.com
印 刷 者：陕西兴平报社印刷厂
开　　本：787 mm×1 092 mm 1/16
印　　张：6.5
字　　数：151千字
版　　次：2011年7月第1版 2011年7月第1次印刷
定　　价：15.00元

前　言

化学实验课的主要任务是使学生通过大量的具体实验，进一步加深对化学基本原理和基本分析方法的理解，掌握化学实验的基本操作技能以及对实验结果进行分析和处理的方法，为在将来的工作中提高解决实际问题的能力打好基础。无机化学作为专业基础课程，一般开设在大学第一学期或第二学期，是最先开设的一门专业基础课。因此，实验内容主要以基础理论和基本操作为主，重点是加深对基本原理和基本分析方法的理解，并培养学生一定的动手能力，为后续课程的顺利进行奠定基础。

本书是专门针对少学时专业开设的无机化学实验编写，内容包括化学实验的基础知识、基本原理、基本方法和基本技术；按照“基础实验—综合实验—设计实验”三个层次，选编了常数测定实验、原理验证实验、综合性设计性实验以及计算机模拟实验等内容，共15个实验。使用本书的学校可根据具体情况选择开设实验。

本书具有以下特点：

(1)适用于少学时专业开设的无机化学实验课程，内容以无机化学反应原理为主，在验证原理方法的过程中，加深理解，掌握基本操作。

(2)综合性和设计性实验紧密结合生活和工程应用，将所学的基本原理知识用于分析和解决实际问题。

(3)引入“超市家用化学”和“计算机模拟实验”，激发学生学习兴趣，拓宽知识面。

本书由李霞、张有智、贾瑛编写。在编写过程中，参阅了部分已出版的教材及相关著作，从中借鉴和吸取了有益的内容。本书在出版过程中得到第二炮兵工程学院教务处的大力支持和资助，以及装备管理工程系和化学教研室极大的关心和帮助，在此一并表示衷心的感谢。

由于水平有限，错误和不妥之处在所难免，敬请有关专家和读者批评指正。

编　者

2010年12月于西安

目　录

绪论

化学是一门以实验为基础的科学，许多化学理论和规律是对大量实验资料进行分析、概括、综合和总结而形成的。无机化学实验是无机化学课程的重要组成部分，也是学习无机化学的一个重要环节。该门课程的主要目的是使学生通过实验获得感性认识，巩固和加深对无机化学基本理论、基础知识的理解；掌握无机化学实验的基本操作和技能，学会正确地使用基本仪器测量实验数据，并能够正确地处理实验数据、表达实验结果。同时，在整个实验教学中把培养学生实事求是的科学态度、相互协作的团队精神、勇于开拓的创新意识和环境保护意识贯穿始终，为继续学好后续课程及今后参加实际工作和开展科学研究打下良好的基础。

无机化学实验是在教师的正确引导下由学生独立完成的，因此实验效果与正确的学习态度和学习方法密切相关。对于无机化学实验的学习方法，应抓住以下三个重要环节。

1.课前充分预习

实验前预习是必要的准备工作，是做好实验的前提。这个环节必须引起学生的足够重视，如果学生不预习，对实验的目的、要求和内容不清楚，是不允许进行实验的。为了确保实验质量，实验前任课教师要检查每个学生的预习情况，查看学生的预习笔记，对没有预习或预习不合格者，任课教师有权不让其参加本次实验。

实验预习一般应达到下列要求：

(1)认真阅读实验教材及相关参考资料，达到明确实验目的、理解实验原理、熟悉实验内容和实验方法、切记实验中有关的注意事项，在此基础上简明扼要地写出预习笔记。

(2)实验预习笔记是进行实验的首要环节，预习笔记应包括简要的实验步骤与操作、测量数据记录的表格、定量实验的计算公式等，要为记录实验现象和测量数据留有充足的位置。

(3)为规范实验操作，必须按要求观看无机化学实验基本操作的多媒体教学课件。

2.课堂规范操作

实验是培养独立工作和思维能力的重要环节，必须认真、独立地完成。

(1)在充分预习的基础上规范操作，认真仔细地观察实验中的现象，一丝不苟，及时将实验现象、数据记录如实填写在预习笔记中。按要求处理好废液，对使用的公用仪器要求自觉管理好，并在相关的记录本上登记，这是养成良好科学素养必需的训练。

(2)对于设计性实验，审题要确切，方案要合理，现象要清晰。在实验中发现设计方案存在问题时，应找出原因，及时修改方案，直至达到满意的结果。

(3)在实验中遇到疑难问题或者“反常现象”，应认真分析操作过程，思考原因。为了正确说明问题，可在教师指导下重做或补充某些实验，以培养独立分析、解决问题的能力。

(4)实验中自觉养成良好的科学习惯，遵守实验规则。实验过程中应始终保持桌面布局合理、环境整洁。

(5)实验结束，所得的实验结果必须经教师认可并在原始记录本上签字后，方能离开实验室。

3.课后如实完成实验报告

实验结束后，要独立完成实验报告，及时交给指导教师批阅。必须严格根据实验记录，对实验现象作出解释，写出有关反应式；或根据实验数据进行处理和计算，作出结论，并对实验中的问题进行讨论。

书写实验报告要求语言简洁明了，文字表达清楚，字迹端正，整齐清洁，否则必须重新完成实验报告。实验报告应包括以下内容：

(1)实验目的和原理。

(2)实验步骤。尽量采用表格、框图、符号等形式清晰、明了地表示。

(3)实验现象和数据记录。实验现象要表达正确、全面，数据记录完整。

(4)解释、结论或数据计算。根据现象作出简明解释，写出主要反应方程式，分内容作出小结或得出最后结论。若有数据计算，则必须将所依据的公式和主要数据表达清楚，必要时应与文献数据进行比较。

(5)问题讨论。针对本实验中遇到的疑难问题，提出自己的见解或收获，也可对实验方法、教学方法、实验内容等提出自己的意见，必要时对存在问题及失败原因进行恰当的分析。

实验报告示例请参见第6章6.3节的相关内容。

第 1 章　化学实验基础知识

1.1　实验室常识

1.1.1　实验室规则

为保持实验室环境的正常秩序，保证实验顺利进行，防止发生意外事故，必须严格遵守实验室规则：

(1)进入实验室首先了解实验室的各项规章制度，熟悉实验室的环境、布置、各种设施的位置，清点仪器、试剂和材料。

(2)保持实验室室内安静，集中思想，仔细观察。如实、及时地记录实验中观察到的现象和实验数据。

(3)保持实验室和实验台面的清洁，火柴、纸屑、废品等要放入废物缸内，不得丢入水槽。

(4)使用仪器要小心谨慎，若有损坏则应填写仪器损坏单，使用精密仪器时，必须严格按照操作规程进行，不得随意拆装和搬动。仪器使用完毕应及时登记并请教师检查签名。注意节约水电。

(5)使用试剂时应注意如下事项：

1)按量取用，注意节约；

2)取用固体试剂时，注意勿使其落在实验容器外面；

3)公用试剂要放在指定位置，不得擅自拿走，用后即放回原处，避免出错，玷污试剂；

4)使用试剂时要遵守正确的取用方法，注意试剂、溶剂的瓶盖不能出错。

(6)实验完毕，洗净仪器，放回原处，整理台面，洗净双手，经指导教师同意方可离开。实验室内物品不得带出实验室。

(7)发生意外事故应保持镇静，不要惊慌失措，遇有烧伤、割伤时应立即报告指导教师，及时急救和治疗。

(8)每次实验后由值日生负责整理药品、打扫卫生，并检查水、电和门窗，以保持实验室的整洁和安全。

1.1.2　实验室安全守则

进行化学实验时，首先必须在思想上高度重视安全问题，以防任何事故的发生。要做到这一点，除在实验前充分了解所做实验中应该注意的事项和可能出现的问题，并在实验过程中认真操作、集中注意力外，还应遵守如下规则：

(1)实验室严禁饮食、吸烟，一切化学药品禁止入口，实验完毕应洗手。

(2)使用电器设备应特别细心，切不可用湿手去开启电闸和电器开关。凡是漏电的仪器不要使用，以防触电。电源打开后，如发觉无电必须立即关闭，再进行检查。

(3)容易产生有毒气体，挥发性、刺激性毒物的实验应在通风橱内进行。

(4)一切易燃、易爆物质的操作应在远离火源的地方进行，用后把瓶塞塞紧，放在阴凉处，并尽可能在通风橱内进行。

(5)金属钾、钠应保存在煤油或石蜡中，白磷应保存在水中，取用时必须用镊子，决不能用手拿。

(6)使用强腐蚀性试剂（如浓 H_2SO_4、浓 HNO_3、浓碱、液溴、浓 H_2O_2、HF 等）时，切勿溅在衣服和皮肤上、眼睛里，取用时要戴胶皮手套和防护眼镜。

(7)使用有毒试剂应严防入口内或接触伤口，实验后废液应回收，集中统一处理。

(8)用试管加热液体时，试管口不准对着自己或他人；不能俯视正在加热的液体，以免溅出的液体烫伤眼、脸；闻气体的气味时，鼻子不能直接对着瓶(管)口，而应采用扇闻的方式。

(9)决不允许将各种化学药品随意混合，以防发生意外；自行设计的实验须和教师讨论后方可进行。

(10)实验后的废弃物，如废纸、火柴梗、玻璃碎片等固体物应放入废物桶(箱)内，不要丢入水池内，以防堵塞。

(11)加热器不能直接放在木质台面或地板上，应放在石棉板、绝缘砖或水泥地板上，加热期间要有人看管。加热后的坩埚、蒸发皿应放在石棉网或石棉板上，不能直接放在木质台面上，以防烫坏台面、引起火灾，更不能与湿物接触，以防炸裂。

(12)大型贵重仪器应有安全保护装置。

化学实验室安全守则是人们长期从事化学实验工作的经验总结，是保持良好的工作环境和工作秩序，防止意外事故的发生，保证实验安全顺利完成的前提，人人都应严格遵守。

1.1.3　实验室安全常识及意外事故的处理

1. 实验室救护常识

(1)遇有烫伤事故，可用高锰酸钾或苦味酸溶液擦洗烫伤处，再涂上凡士林或烫伤膏。

(2)眼睛或皮肤上溅有强酸或强碱时，应立即用大量水冲洗，然后再用碳酸氢钠或硼酸溶液冲洗。

(3)吸入氯气、氯化氢等气体时，可立即吸入少量酒精和乙醚的混合蒸气解毒；若吸入硫化氢气体而感到不适或头晕时，应立即到室外呼吸新鲜空气。

(4)被玻璃割伤时，如果伤口内有玻璃碎片，须先挑出，然后消毒并包扎。

(5)遇到触电事故时，应首先切断电源，必要时进行人工呼吸。

(6)对伤势较重者，应立即送医院救治。

2. 实验室消防常识

在实验室的条件下，经常要使用许多易燃物质，如乙醇、甲醇、苯、甲苯、丙酮、煤油等。这些易燃物质挥发性强、着火点低，在明火、电火花、静电放电、雷击因素的影响下极易引燃起火，造成严重损失，因此使用易燃物品时应严格遵守操作规程。在发生火灾的情况下，应针对起火原因及周围环境情况采取适宜的灭火方法进行处理。一般灭火方法主要遵循两个原则，即降低燃烧物温度，将燃烧物与空气隔绝。常用的灭火器材有水、水蒸气、酸碱式灭火器、泡沫灭火器、二氧化碳灭火器、四氯化碳灭火器等，具体适用范围见表 1-1。

表1-1 常用灭火器介绍

灭火器类型	灭火剂成分	适用范围
泡沫灭火器	$Al_2(SO_4)_3$和$NaHCO_3$	适用于油类起火
二氧化碳灭火器	液态CO_2	适用于扑灭忌水的火灾，如电器设备和小范围油类火灾等
酸碱式灭火器	H_2SO_4和$NaHCO_3$	非油类和非电器的一般火灾
干粉灭火器	$NaHCO_3$等盐类物质与适量的润滑剂和防潮剂	适用于不能用水扑灭的火灾，如精密仪器、油类、可燃性气体、电器设备、图书文件和遇水易燃物品的初期起火
四氯化碳灭火器	液态CCl_4	适用于扑灭电器设备和小范围的汽油、丙酮等火灾
1211灭火器	CF_2ClBr液化气体	特别适用于不能用水扑灭的火灾，如精密仪器、油类、有机溶剂、高压电气设备等的失火

1.1.4 实验室三废的处理

根据绿色化学的原则，化学实验室应尽可能选择对环境无毒害的实验项目。对确实无法避免的实验项目若排放出废气、废液和废渣(简称三废)，如果对其不加处理而任意排放，不仅污染周围空气、水源和环境，形成公害，而且三废中的有用或贵重成分未能回收，也会造成一定的经济损失。通过对三废的处理和回收，消除公害，变废为宝，综合利用，也是实验室工作的重要组成部分。

化学实验室的环境保护应该规范化、制度化，对每次产生的废气、废液和废渣均应进行处理。教师和学生要按照国家要求的排放标准进行处理，把用过的酸类、碱类和盐类等各种废液、废渣，分别倒入各自的回收容器中，再根据其特性，采取中和、吸收、燃烧、回收循环利用等方法进行处理。

1.废气处理

实验室中凡可能产生有害废气的操作都应在有通风装置的条件下进行，如加热酸、碱溶液及产生少量有毒气体的实验等应在通风橱中进行。绿色化学实验室的通风橱气体排放通道中均安装有吸附过滤装置，能够对废气中少量的有毒气体进行吸附后排放，应视有毒废气的产生数量定期更换滤芯，以保证处理效果。汞的操作室必须有良好的全室通风装置，其抽风口通常在墙的下部。

若实验室内排放毒性大且较多的气体，可参考工业上废气处理的办法，在排放之前，采用吸附、吸收、氧化、分解等方法进行预处理后，再进行无毒排放。

2.废液处理

(1)化学实验室产生的废弃物中以废液为主，其种类繁多、组成变化大，应根据溶液的性质分别处理。废酸液可先用耐酸塑料网纱或玻璃纤维过滤，滤液加碱中和，调整pH值至6～8后排放，少量滤渣可埋于地下。

(2)废铬酸洗液可用高锰酸钾氧化法使其再生后使用。少量的废铬酸洗液可加废碱液或石灰使其生成$Cr(OH)_3$沉淀，将沉淀埋于地下即可。

(3)氰化物是剧毒物质，少量的含氰废液可先加入 NaOH 溶液调整至 pH>10 后，再加入几克高锰酸钾使 CN^- 氧化分解。大量的含氰废液可用碱性氯化法处理，即先用碱调整至 pH>10，再加入次氯酸钠，使 CN^- 氧化成氰酸盐，并进一步分解为 CO_2 和 N_2。

(4)含汞盐的废液先调整 pH 值至 8～10，然后加入 Na_2S，使其形成 HgS 沉淀。为防止形成 HgS_2^{2-}，可加入少量的 $FeSO_4$ 使过量的 S^{2-} 与 Fe^{2+} 生成 FeS 沉淀，从而吸附 HgS 共同沉淀下来。离心分离，清液含汞量降至 0.02 $mg \cdot L^{-1}$ 以下可以排放。少量残渣可埋于地下，大量残渣可用焙烧法回收汞，但注意一定要在通风橱中进行。

(5)含重金属离子的废物，最有效和最经济的方法是加碱或加 Na_2S 把重金属离子变成难溶性的氢氧化物或硫化物而沉积下来，过滤后，残渣可埋于地下。

3. 废渣处理

虽然实验室产生的有害固体废渣不多，但决不能将其与生活垃圾混倒。有回收价值的废渣应收集起来统一处理，回收利用，少量无回收价值的有毒废渣也应集中起来分别进行处理或深埋于离水源地较远的指定地点。以下是一些特殊物质的处理原则。

(1)钠、钾屑及碱金属、碱土金属氢化物、氨化物。将其悬浮于四氢呋喃中，在搅拌下慢慢滴加乙醇或异丙醇至不再放出氢气为止，再慢慢加水澄清后冲入下水道。

(2)硼氢化钠(钾)。将其用甲醇溶解后，用水充分稀释，再加酸并放置，此时有剧毒硼烷产生，因此应在通风橱内进行，其废液用水稀释后冲入下水道。

(3)酰氯、酸酐、三氯化磷、五氯化磷、氯化亚砜。在搅拌下将其加入大量水中冲走。五氯化二磷加水，用碱中和后冲走。

(4)沾有铁、钴、镍、铜催化剂的废纸、废塑料，变干后易燃，不能随便丢入废纸篓内，应趁未干时，深埋于地下。

(5)重金属及其难溶盐。此类物质能回收的尽量回收，不能回收的集中起来深埋于远离水源的地下。

1.2 实验室常用仪器简介

无机化学实验中经常使用的仪器大部分为玻璃制品，玻璃仪器按玻璃的性质不同可以简单地分为软质玻璃仪器和硬质玻璃仪器两类。软质玻璃承受温差的性能、硬度和耐腐蚀性都比较差，但透明度比较好，一般用来制造不需要加热的仪器，如试剂瓶、漏斗、量筒、吸管等；硬质玻璃具有良好的耐受温差变化的性能，用它制造的仪器可以直接用灯火加热，这类仪器耐腐蚀性强、耐热性能以及耐冲击性能都比较好，常见的烧杯、烧瓶、试管、蒸馏器和冷凝管等都用硬质玻璃制作。玻璃仪器按用途分，可以分为容器类、量器类和其他常用器皿三大类。化学实验中常用的玻璃仪器分述如下。

1. 烧杯

常用的烧杯有低型烧杯、高型烧杯、三角烧杯等三种(见图 1-1)，主要用于配制溶液，煮沸、蒸发、浓缩溶液，进行化学反应以及少量物质的制备等。烧杯用硬质玻璃制造，它可承受 500℃以下的温度，在火焰上可直接或隔石棉网加热，也可选用水浴、油浴或砂浴等加热方式。烧杯的规格从 25～5 000 mL 不等。

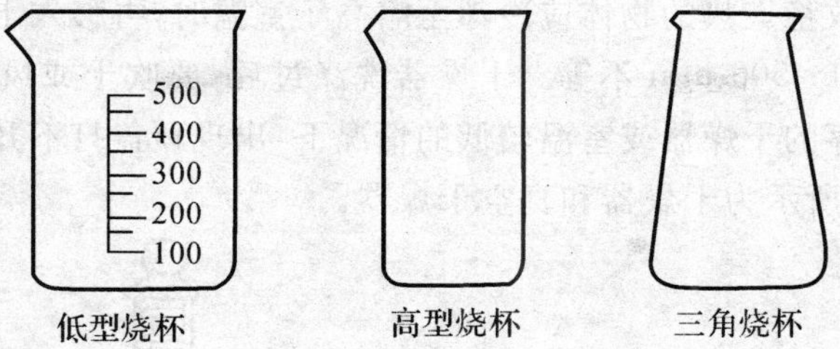

图 1-1　烧杯

2. 烧瓶

烧瓶用于加热煮沸以及物质间的化学反应，主要有平底烧瓶、圆底烧瓶、三角烧瓶、碘量瓶和洗气瓶等（见图 1-2）。平底烧瓶不能直接用火加热，圆底烧瓶可以直接用火加热，但两者都不能骤冷，通常在热源与烧瓶之间加隔石棉网。蒸馏烧瓶是供蒸馏使用的，蒸馏常用的还有三口烧瓶和四口烧瓶。三角烧瓶也称锥形瓶，加热时可避免液体大量蒸发，反应时便于摇动，在滴定操作中经常用它作容器。碘量瓶主要用于碘法的测定中，也用于须严防液体蒸发和固体升华的实验，但加热或冷却瓶内溶液时应将瓶塞打开，以免因气体膨胀或冷却，使塞子冲出或难以取下。洗气瓶用于去除气体中的杂质成分及气体的干燥。

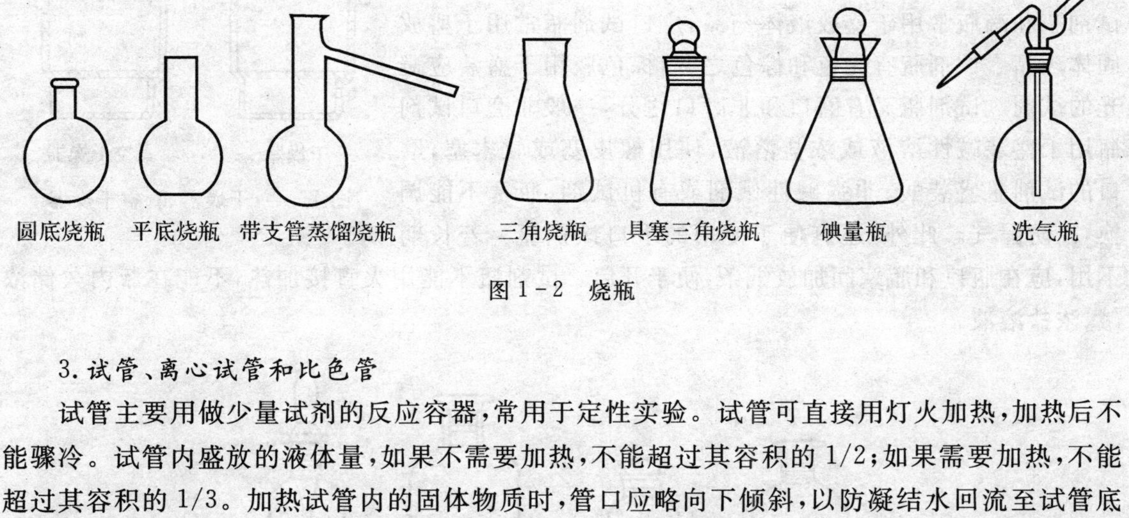

图 1-2　烧瓶

3. 试管、离心试管和比色管

试管主要用做少量试剂的反应容器，常用于定性实验。试管可直接用灯火加热，加热后不能骤冷。试管内盛放的液体量，如果不需要加热，不能超过其容积的 1/2；如果需要加热，不能超过其容积的 1/3。加热试管内的固体物质时，管口应略向下倾斜，以防凝结水回流至试管底部而使试管破裂。离心试管用于定性分析中的沉淀分离。常见的试管有普通试管、具支试管、刻度试管、具塞试管、尖底离心管、尖底刻度离心管和圆底刻度离心管等，如图 1-3 所示。

4. 干燥器

干燥器的中下部口径略小，上面放置带孔的瓷板，瓷板上放置待干燥的物品，瓷板下面放有干燥剂。常用的干燥剂有 P_2O_5，碱石灰，硅胶，$CaSO_4$，CaO，$CaCl_2$，$CuSO_4$，浓硫酸等。固态干燥剂可直接放在瓷板下面，液态干燥剂放在小烧杯中，再放到瓷板下面。

干燥器主要用于保持固态、液态样品或产物的干燥，也用来存放防潮的小型贵重仪器和已经烘干的称量瓶、坩埚等。使用干燥器时，要沿仪器盖口均匀涂抹一薄层凡士林，使顶盖与干燥器本身保持密合，不致漏气。开启顶盖时，应稍稍用力使干燥器顶盖向水平方向缓缓错开，取下的顶盖应翻过来放稳。热的物体应冷却至略高于室温时，再移入干燥器内。

干燥器直径从 100～500 mm 不等。干燥器洗涤过后，要吹干或风干，切勿用加热或烘干的方法去除水汽。久存的干燥器或室温较低的情况下，出现顶盖打不开时，可用热毛巾或暖风吹化开启。如图 1-4 所示为干燥器和真空干燥器。

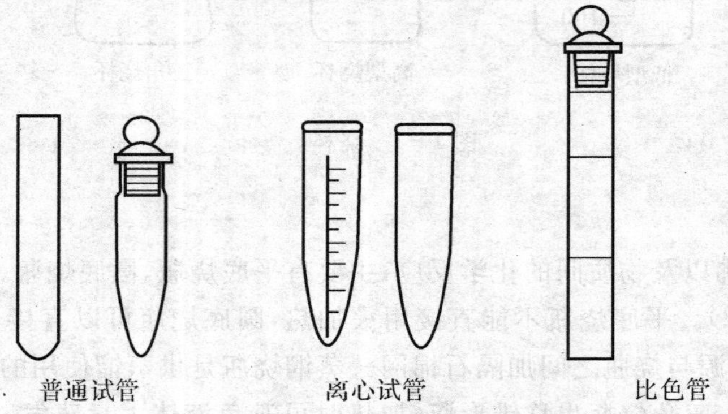

图 1-3　普通试管、离心试管、比色管

5. 试剂瓶

试剂瓶用于盛装各种试剂，如图 1-5 所示。常见的试剂瓶有细口试剂瓶、广口试剂瓶和滴瓶、下口试剂瓶。细口试剂瓶和滴瓶常用于盛放液体药品，广口试剂瓶常用于盛放固体药品。试剂瓶有无色和棕色之分，棕色瓶用于盛装应避光的试剂。试剂瓶又有磨口和非磨口之分，一般非磨口试剂瓶用于盛装碱性溶液或浓盐溶液，使用橡皮塞或软木塞；磨口的试剂瓶盛装酸、非强碱性试剂或有机试剂，瓶塞不能调换，以防漏气。此外，还有便于使用的下口试剂瓶。若长期不用，应在瓶口和瓶塞间加放纸条，便于开启。试剂瓶不能用火直接加热，不能在瓶内久储浓碱、浓盐溶液。

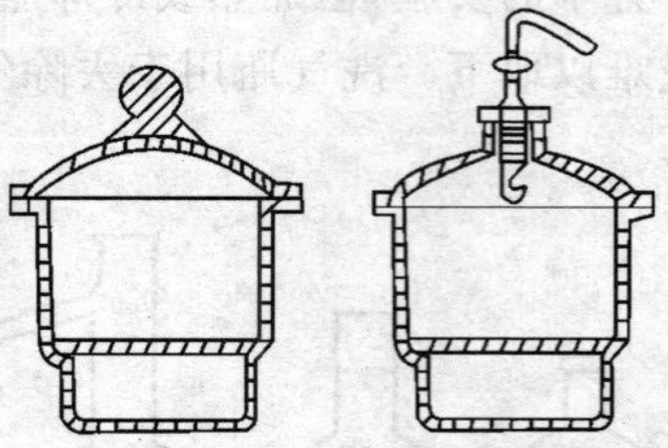

图 1-4　干燥器、真空干燥器

图 1-5　试剂瓶

6. 过滤瓶

过滤瓶也称抽滤瓶（见图 1-6），主要供晶体或沉淀进行减压过滤用。

7. 称量瓶

称量瓶主要用于使用分析天平时称取一定量的试样，不能用火直接加热，瓶盖是磨口的，不能互换。称量瓶有高型和扁型两种，如图 1-7 所示。

图 1－6　抽滤瓶

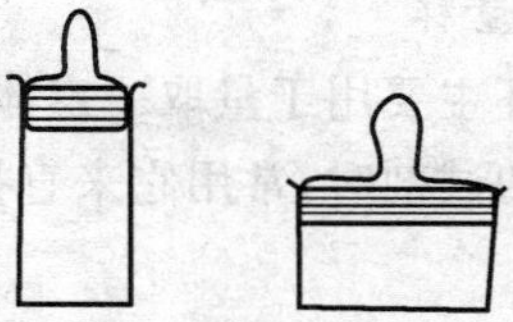

高型称量瓶　扁型称量瓶

图 1－7　称量瓶

8. 表面皿

表面皿(见图 1－8)主要用做烧杯的盖,防止灰尘落入和加热时液体迸溅等,不能直接用火加热。此外,还有一种蒸发皿主要用于使液体蒸发,能耐高温,但不宜骤冷,有平底和圆底两种形状。蒸发溶液时一般放在石棉网上加热,如液体量多,可直接加热,但液体量以不超过深度的 2/3 为宜。

图 1－8　表面皿

图 1－9　研钵

9. 研钵

研钵(见图 1－9)主要用于研磨固体物质,有玻璃研钵、瓷研钵、铁研钵和玛瑙研钵等。玻璃研钵、瓷研钵适用于研磨硬度较低的物料,硬度大的物料应用玛瑙研钵进行研磨。研钵不能用火直接加热。

10. 漏斗

漏斗主要用于过滤操作和向小口容器倾倒液体。常见的有 60°角短颈标准漏斗、60°角长颈标准漏斗、筋纹漏斗和圆筒形漏斗,如图 1－10 所示。筋纹漏斗内壁有若干凹筋,可以提高过滤速度。分液漏斗主要用于互不相溶的两种液体分层和分离,常见的有厚料球形、球形、梨形、梨形刻度、筒形和筒形刻度等。球形分液漏斗适用于萃取分离操作;梨形分液漏斗除用于分离互不相溶的液体外,在合成反应中常用来随时加入反应试液。刻度梨形漏斗和筒形漏斗常用于控制加液速度。

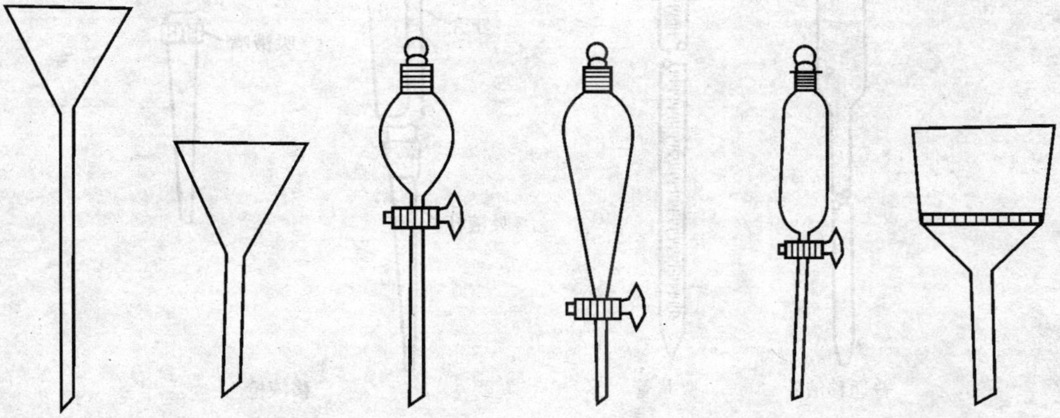

长颈标准漏斗　短颈标准漏斗　球形分液漏斗　梨形分液漏斗　筒形分液漏斗　砂芯过滤漏斗

图 1－10　漏斗

11. 量筒和量杯

量筒和量杯主要用于量取一定体积的液体，如图 1－11 所示。在配制和量取浓度和体积不要求很精确的试剂时，常用它来直接量取溶液。

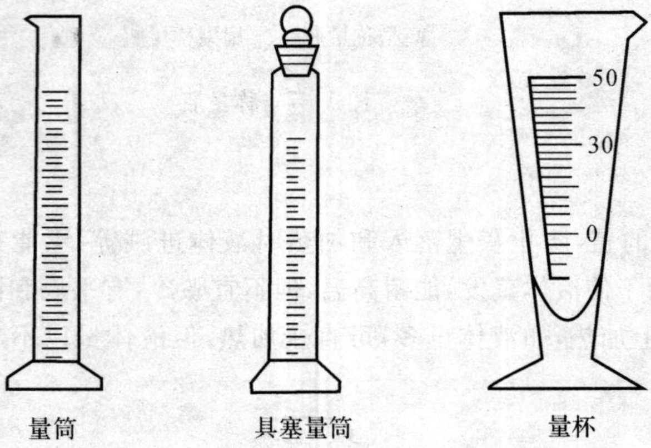

图 1－11　量筒和量杯

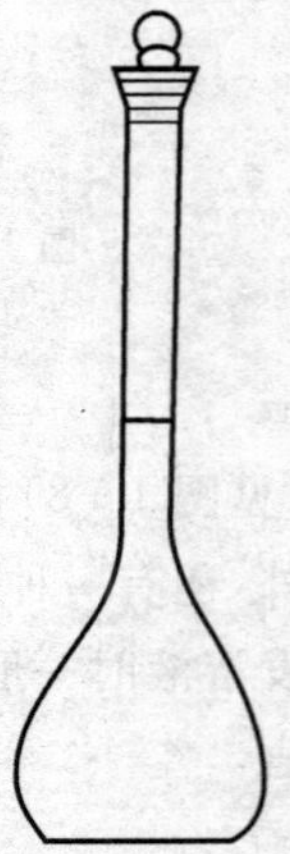

图 1－12　容量瓶

12. 容量瓶

容量瓶（见图 1－12）用于配制体积要求准确的溶液或作溶液的定量稀释。容量瓶不能加热，瓶塞是磨口的，不能互换，以防漏水。容量瓶有无色和棕色之分，棕色瓶用于配制需要避光的溶液。

13. 移液管

移液管也叫吸管，用于准确移取一定体积的液体。常见的有刻度移液管（吸量管）和单标记移液管（即普通移液管），也有量取更为准确的移液枪，如图 1－13 所示。

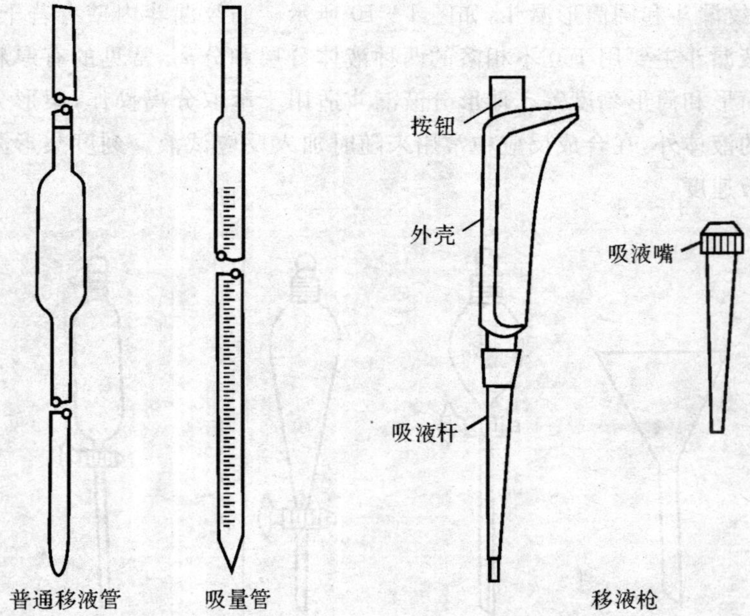

图 1－13　移液管

14. 滴定管

滴定管是滴定时使用的精密仪器，用来测量自管内流出溶液的体积，有常量和微量滴定管之分。常量滴定管有酸式和碱式两种，酸式滴定管用来盛盐酸、氧化剂、还原剂等溶液，碱式滴定管用来盛碱溶液，如图1-14所示。滴定管有无色和棕色之分，无色的滴定管又有带蓝线和不带蓝线两种。

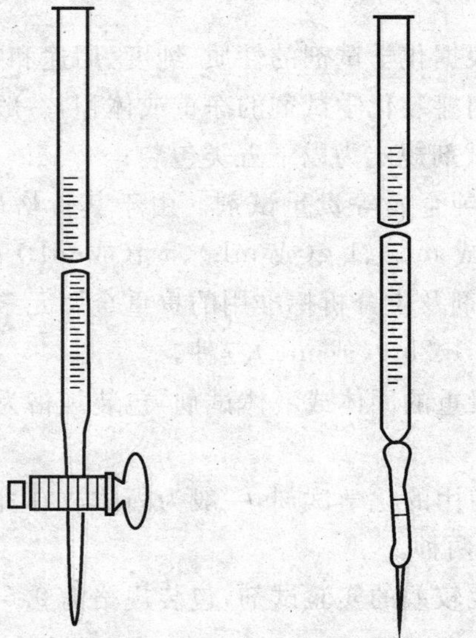

图1-14　滴定管

1.3　化学试剂的一般知识

1.3.1　化学试剂的分类

化学试剂的种类很多，其分类标准也不尽相同。我国化学试剂的标准有国家标准(GB)、化工部标准(HG)及企业标准(QB)。实验室最普遍使用的试剂为一般试剂，可分为4个等级，其规格及应用范围见表1-2。

表1-2　化学试剂的级别及应用范围

级　别	名　称	英文符号	标签颜色	应用范围
一级	优级纯(保证试剂)	GR	绿	精密分析研究工作
二级	分析纯(分析试剂)	AR	红	分析实验
三级	化学纯	CP	蓝	一般化学实验
四级	实验试剂	LR	黄	工业或化学制备
生化试剂	生化试剂(生物染色剂)	BR	咖啡或玫瑰红	生化实验

指示剂也属于一般试剂，此外还有基准试剂、高纯试剂、专用试剂等。基准试剂的纯度相当于或高于保证试剂，用做容量分析的基准，可以直接用于配制标准溶液。

根据规定，试剂瓶的标签上应标示试剂名称、化学式、摩尔质量、级别、技术规格、产品标准号、生产许可证号(部分常用试剂)、生产批号、厂名等，危险品和毒品还应给出相应的标志。

1.3.2 化学试剂的包装规格

化学试剂的包装单位是根据化学试剂的性质、纯度、用途和它们的价值而确定的。包装单位的规格是指每个包装容器内盛装化学试剂的净重或体积，一般固体试剂为500 g/瓶，液体试剂为500 mL/瓶。国产化学试剂规定为以下五类包装：

第一类为稀有元素，是超纯金属等贵重试剂。由于其价格昂贵，包装规格分为0.1 g(或mL)、0.25 g(或mL)、0.5 g(或mL)、1 g(或mL)、5 g(或mL)五种。

第二类为指示剂、生物试剂及供分析标准用的贵重金属元素试剂。由于价格较贵，包装规格有5 g(或mL)、10 g(或mL)、25 g(或mL)三种。

第三类为基准试剂或较贵重的固体或液体试剂，包装规格为25 g(或mL)、50 g(或mL)、100 g(或mL)三种。

第四类为各实验室广泛使用的化学试剂，一般为固体或有机液体的化学试剂，包装规格为250 g(或mL)、500 g(或mL)两种。

第五类为酸类试剂及纯度较差的实验试剂，包装规格为0.5 kg(或L)、1 kg(或L)、2.5 kg(或L)、5 kg(或L)等。

1.3.3 化学试剂的取用和存放

试剂等级不同，价格相差很大。对实验试剂的选用，并不是使用的试剂越纯越好，这需要有相应的纯水及仪器与之配合才能发挥试剂的纯度作用。一些要求不高的试剂，例如配制铬酸洗液的浓硫酸及重铬酸钾，作为燃料及一般溶剂的乙醇等都应使用低廉的工业品。因此，实验中应本着节约的原则，根据不同的要求合理选用不同级别的试剂。在能满足实验要求的前提下，尽量选用低价位的试剂。

化学试剂在实验室分装时，一般把固体试剂装在广口瓶中，把液体试剂或配制的溶液盛放在细口瓶或带有滴管的滴瓶中，把见光易分解的试剂或溶液(如硝酸银等)盛放在棕色瓶内，每一试剂瓶上都应贴上标签，上面写有试剂的名称、规格或浓度(溶液)以及日期，在标签外面涂上一层蜡以保护其不受污染。

1.固体试剂的取用规则

(1)用干净的药勺取用，用过的药勺必须洗净、擦干后才能再使用。

(2)试剂取用后应立即盖紧瓶盖。

(3)多取出的试剂，不能再倒回原瓶。

(4)一般试剂可放在干净的纸或表面皿上称量。具有腐蚀性、强氧化性或易潮解的试剂不能在纸上称量，应放在玻璃容器内称量。

(5)有毒试剂要在教师指导下取用。

2.液体试剂的取用规则

(1)从滴瓶中取用液体试剂时，要用滴瓶中的滴管，滴管不要触及所接收的容器，以免玷污试剂。装有试剂的滴管不得横置或滴管口向上斜放，以免液体流入滴管的胶皮帽中。

(2)从细口瓶中取用试剂时，要用倾注法。将瓶塞取下，反放在桌面上，手握住试剂瓶上贴标签的一面，逐渐倾斜瓶子，让试剂沿着洁净的瓶口流入试管或沿着洁净的玻璃棒注入烧杯中。取出所需量后，将试剂瓶口在容器上靠一下，再逐渐竖起瓶子，以免遗留在瓶口的液体滴流到瓶的外壁。

(3)在试管里进行某些不需要准确体积的实验时，可以估算取用量。如用滴管取用，要估算出 1 mL 液体相当于多少滴，5 mL 液体占一个试管容量的几分之几等。倒入试管中的溶液的量，一般不超过其容积的 1/3。

(4)定量取用时，用量筒或移液管量取。

3. 特殊化学试剂(汞、金属钠、钾)的存放

(1)汞易挥发，在人体内会积累起来，引起慢性中毒。因此，不要让汞直接暴露在空气中，汞要存放在厚壁器皿中，保存汞的容器内必须加水将汞覆盖，使其不能挥发。玻璃瓶盛装汞只能至半满。

(2)金属钠、钾通常应保存在煤油中，放在阴凉处，使用时先在煤油中将其切割成小块，再用镊子夹取，并用滤纸把煤油吸干，切勿与皮肤接触，以免烧伤。未用完的金属碎屑不能乱丢，可加少量酒精，使其缓慢反应掉。

1.4　实验误差与数据处理

1.4.1　测量误差

为了巩固和加深学生对无机化学基本理论和基本概念的理解，培养学生掌握无机化学实验的基本操作，学会一些基本仪器的使用和实验数据记录、处理及结果分析，无机化学实验中安排有一定数量的物理常数测定实验。由实验测得的数据经过计算处理得到实验结果，而对实验结果的准确度通常有一定的要求。因此在实验过程中，除要选用合适的仪器和正确的操作方法外，还要学会科学地处理实验数据，以使实验结果与理论值尽可能接近。为此，需要掌握误差和有效数字的概念，以及正确的作图法，并把它们应用于实验数据的分析和处理中。

在实验测定中，会因各种原因导致误差的产生。根据误差性质的不同，可以分为系统误差和偶然误差两大类。另外，在实验中还会因人为因素出现不应产生的过失误差。

1. 系统误差

系统误差是由某种固定原因造成的，有重复、单向的特点。系统误差的大小、正负，在理论上是可以测定的，故又称为可测误差。根据系统误差的性质和产生原因，可将其分为以下几类：

(1)方法误差：由实验方法本身的缺陷造成。如滴定中，反应进行不完全、干扰离子的影响、滴定终点与化学计量点的不相符等。

(2)仪器和试剂误差：由仪器、试剂等原因带来的误差。如仪器刻度不够精确，试剂纯度不高等。

(3)操作误差和主观误差：由操作者的主观原因造成。如对终点颜色的深浅把握不好；进行平行滴定的过程中，估读滴定管最后一位数字时，常想使第二份滴定结果与前一份滴定结果

相吻合，有“先入为主”的主观因素存在等。

2. 偶然误差

偶然误差是由某些难以控制的偶然原因（如测定时环境温度、湿度、气压等外界条件的微小变化、仪器性能的微小波动等）造成的，又称为随机误差。这种误差在实验中无法避免，时大、时小、时正、时负，故又称不可测误差。

偶然误差难以找到原因，似乎没有规律可言。但它遵守统计和概率理论，因此能用数理统计和概率论来处理。偶然误差从多次测量整体来看，具有下列特性：

(1)对称性：绝对值相等的正、负误差出现的概率大致相等。

(2)单峰性：绝对值小的误差出现的概率大，而绝对值大的误差出现的概率小。

(3)有界性：一定测量条件下的有限次测量中，偶然误差的绝对值在一定的范围内。

(4)抵偿性：在相同条件下对同一过程多次测量时，随着测量次数的增加，偶然误差的代数和趋于零。

因此，在实验中可以通过增加平行测定次数和采用求平均值的方法来减小偶然误差。

3. 过失误差

过失误差是一种与事实明显不符的误差，是因读错、记错或实验者的过失和实验错误所致。发生此类误差，所得实验数据应予以删除。

4. 误差的表示

误差可由绝对误差和相对误差两种形式表示。前者是指测定值与真实值之差，后者是指绝对误差与真实值的百分比，即

$$\text{绝对误差}=\text{测定值}-\text{真实值}$$

$$\text{相对误差}=\frac{\text{绝对误差}}{\text{真实值}}\times 100\%$$

(1)真实值（真值）：一般来说是未知的，在实验中通常用多次测量的平均值代替真值。

(2)理论值：如一些理论设计值、理论公式表达值等。

(3)计量学约定值：如国际计量大会上确定的长度、质量、物质的量等。

(4)相对值：精度高一个数量级的测量值作为低一级测量值的真值，如实验中用到的一些标准试样中组分的含量等。

绝对误差和相对误差都有正、负，正值表示测量结果偏高，负值则表示测量结果偏低。

1.4.2 准确度与精密度

1. 准确度

准确度是指测定值与真实值之间相符合的程度，通常用误差的大小来衡量。误差越小，分析结果的准确度越高。

2. 精密度

精密度是各次测定结果之间的接近程度。通常用偏差的大小来衡量。在实际工作中，一般要进行多次测定，以求得分析结果的算术平均值。单次测定值与平均值之间的差值为偏差 d，则

$$d=x-\overline{x}$$

偏差有绝对偏差、相对偏差、（算术）平均偏差、平均相对偏差、方差、标准偏差以及相对标准偏差（变异系数）等表示形式。

算术平均值 $$\bar{x}=\frac{x_1+x_2+x_3+\cdots+x_n}{n}$$

绝对偏差 $$d_i=x_i-\bar{x}$$

相对偏差 $$\frac{d}{\bar{x}}=\frac{x-\bar{x}}{\bar{x}}\times 100\%$$

平均偏差 $$\bar{d}=\frac{|d_1|+|d_2|+|d_3|+\cdots+|d_n|}{n}$$

相对平均偏差 $$\frac{\bar{d}}{\bar{x}}\times 100\%$$

方差 $$\frac{\sum_{i=1}^{n}(x_i-\bar{x})^2}{n-1}$$

标准偏差 $$s=\sqrt{\frac{\sum_{i=1}^{n}(x_i-\bar{x})^2}{n-1}}$$

相对标准偏差(变异系数) $$\mathrm{CV}=\frac{s}{\bar{x}}\times 100\%$$

1.4.3　有效数字及其运算规则

1. 有效数字的确定

有效数字是由准确数字与一位可疑数字组成的测量值。它除了最后一位数字是不准确的，其他各位数均是确定的。有效数字的有效位反映了测量的精度。有效位是从有效数字最左边第一个不为零的数字起到最后一位数字止的数字个数。例如，用感量为千分之一的天平称一块锌片为 0.485 g，这里 0.485 就是一个 3 位有效数字，其中最后一个数字 5 是不确定的。因为平衡时天平的指针的投影可能停留在 4.5 分到 5.5 分刻度间，5 是四舍五入法估计出来的。用某一测量仪器测定物质的某一物理量，其准确度都是有一定限度的。测量值的准确度取决于仪器的可靠性，也与测量者的判断力有关。测量的精确度是由仪器刻度标尺的最小刻度决定的。

在没有搞清有效数字含义之前，有人错误地认为：测量时，小数点后的位数越多，精密度越高，或者在计算中保留的位数越多，准确度就越高。其实两者之间并无任何联系，小数点的位置只与单位有关，如 135 mg，也可写成 0.135 g，还可写成 1.35×10^{-4} kg，三者的精密度完全相同，都是 3 位有效数字。注意：首位数字 $\geqslant 8$ 的数据其有效数字的位数可多算 1 位，如 9.25 可作 4 位有效数字。常数、系数等有效数字的位数没有限制。记录和计算测量结果都应与测量的精确度相适应，任何超出或低于仪器精确度的数字都是不妥当的。常见仪器的精确度见表 1-3。

表 1-3　常见仪器的精确度

仪器名称	仪器精确度	例　子	有效数字位数
台　秤	0.1 g	6.5 g	2 位
电光天平	0.000 1 g	15.325 1 g	6 位
千分之一天平	0.001 g	20.253 g	5 位
100 mL 量筒	1 mL	75 mL	2 位

续表

仪器名称	仪器精确度	例　子	有效数字位数
滴定管	0.01 mL	35.23 mL	4位
容量瓶	0.01 mL	50.00 mL	4位
移液管	0.01 mL	25.00 mL	4位
PHS-2C型酸度计	0.01	4.76	2位

对于有效数字的确定，还有几点需要指出：

(1)“0”在数字中是否是有效数字，与“0”在数字中的位置有关。“0”在数字后或在数字中间，都表示一定的数值，都算是有效数字，“0”在数字之前，只表示小数点的位置(仅起定位作用)。如3.000 5是5位有效数字，2.500 0也是5位有效数字，而0.002 5则是两位有效数字。

(2) 对于很大或很小的数字，如260 000，0.000 002 5采用指数表示法更简便合理，写成 2.6×10^5，2.5×10^{-6}。“10”不包含在有效数字中。

(3) 对化学中经常遇到pH，lg*k*等对数数值，有效数字仅由小数部分数字位数决定，首数(整数部分)只起定位作用，不是有效数字。如pH＝4.76的有效数字为2位，而不是3位有效数字。4是“10”的整数方次，即 10^4 中的4。

(4) 在化学计算中，有时还遇到表示倍数或分数的数字，如 $5KMnO_4$ 的摩尔质量，其中的5是个固定数，不是测量所得，不应当看做一位有效数字，而应看做无限多位有效数字。

2.有效数字的运算规则

记录和计算结果所得的数值，均只保留一位可疑数字；

有效数字的位数确定后，其余的尾数应按照“四舍五入”法或“四舍六入五留双”的原则一律舍去。“四舍六入五留双”的原则是：当尾数≤4时，舍去；尾数≥6时，进位；当尾数＝5时，则要看尾数前一位数是奇数还是偶数，若为奇数则进位，若为偶数则舍去。

一般运算通常用“四舍五入”法，当进行复杂运算时，采用“四舍六入五留双”的原则，以提高运算规则的准确性。

(1) 加减运算规则。进行加法或减法运算时，所得的和或差的有效数字的位数，应与各个加、减数中的小数点后位数最少者相同。

以上是先运算后取舍，也可以先取舍后运算，取舍时也是以小数点后位数最少的为准。

(2) 乘除法运算规则。在进行乘除运算时，其积或商的有效数字的位数应与各数中有效数字位数最少的数相同，而与小数点后的位数无关。同加减法一样，也可以先以小数点后位数最少的数为准，四舍五入后进行运算。当有效数字为8或9时，在乘除法运算中也可运用“四舍六入五留双”的原则，将此有效数字的位数多加1位。

(3) 将其乘方或开方时，幂或根的有效数字的位数与原数相同。若乘方或开方后还要继续进行数学运算，则幂或根的有效数字的位数可多保留1位。

(4) 在对数运算中所取对数的尾数应与真数有效数字位数相同。反之，尾数有几位，则真数就取几位。例如：溶液的pH＝4.74，其 $c(H^+)=1.8\times10^{-5}\ mol\cdot L^{-1}$。

(5) 在所有计算式中，常数π，e的值及某些因子的有效数字的位数，可认为是无限制的，在计算中需要几位就可以写几位。一些国际定义值，如摄氏温标的零度值为热力学温标的

273.15 K，标准大气压 1 atm＝1.013 25×10^5 Pa，自由落体标准加速度 g＝9.806 65 m·s^{-2}，R＝8.314 J·K^{-1}·mol^{-1} 被认为是严密准确的数值。

(6) 误差一般只取1位有效数字，最多取2位有效数字。

1.4.4 无机化学实验中的数据处理

无机化学实验中测量一系列数据的目的是要找出一个合理的实验值，通过实验数据找出某种变化规律来，这就需要将实验数据进行归纳和处理。数据处理包括数据计算和根据数据进行作图处理和列表处理以及应用计算机软件进行处理。

1.数据的计算处理步骤

对要求不太高的定量实验，一般只要求实验重复两三次，所得数据比较平行，用平均值作为结果即可。对要求较高的实验，往往要进行多次重复实验，所得的一系列数据要经过较为严格的处理。其具体做法是：整理数据；算出算术平均值；算出各数据与平均值的偏差；计算方差、标准偏差等。

2.作图法处理实验数据

利用图形来表达实验结果能直接显示出数据的特点、数据的变化规律，并能利用图形作进一步的处理，如求斜率、截距、外推值、内插值等。作图的步骤简略介绍如下：

(1) 作图纸和坐标的选择。无机化学实验一般常用直角坐标纸和半对数坐标纸。习惯上以横坐标作为自变量，纵坐标表示因变量。坐标轴比例尺的选择一般应遵循以下原则：

1) 坐标刻度要能表示出全部有效数字，从图中读出的精密度应与测量的精密度基本一致，通常采取读数的绝对误差在图纸上仍相当于 0.5～1 小格(最小分刻度)，即 0.5～1 mm。

2) 坐标标度应采取容易读数的分度，通常每单位坐标格子应代表1,2或5的倍数，而不采用3,6,7,9的倍数，数字一般标在逢5或逢10的粗线上。

3) 在满足上述两个原则的条件下，所选坐标纸的大小应能包容全部所需数而略有宽裕。如无特殊需要(如直线外推求截距等)，就不一定要把变量的零点作为原点，可从略低于最小测量值的整数开始，以便于充分利用图纸，且有利于保证图的精密度，若为直线或近乎直线的曲线，则应安置在图纸的对角线附近。

(2) 点和线的描绘。

1) 点的描绘。在直角坐标系中，代表某一读数的点常用◆、◇、▲、×等不同的符号表示，符号的重心所在即表示读数值，符号的大小应能粗略地显示出测量误差的范围。

2) 曲线的描绘。根据大多数点描绘出的线必须平滑，并使处于曲线两边的点的数目大致相等。

3) 在曲线的极大、极小或折点处，应尽可能地多测几个点，以保证曲线所示规律的可靠性。

4) 对于个别远离曲线的点，如不能判断被测物理量在此区域会发生什么突变，就要分析一下测量过程中是否有偶然性的过失误差，如果属误差所致，描线时可不考虑这一点。否则就要重复实验，如仍有此点，说明曲线在此区间有新的变化规律，通过认真仔细测量，按上述原则描绘出此间曲线。

5) 若同一图上需要绘制几条曲线，不同曲线上的数值点可以用不同的符号来表示，描绘出来的不同曲线，也可用不同的线（虚线、实线、点线、粗线、细线、不同颜色的线）来表示，并在图上注明。

6）画线时，一般先用淡、软铅笔沿各数值点的变化趋势轻轻地手绘一条曲线，然后用曲线尺逐段吻合手绘线，作出光滑的曲线。

(3) 图名和说明。图形作好后，应注上图名，标明坐标轴所代表的物理量，比例尺及主要测量条件（温度、压力、浓度等）。

3. 列表法

按顺序把实验数据有规律地用表格表示出来，一目了然，既便于数据的处理、运算，又便于检查。一张完整的表格应包含如下内容：表格的顺序号、名称、项目、说明及数据来源。表格的横排称为行，竖排称为列。列表时应注意以下几点：

(1) 每张表要有含义明确的完整名称。

(2) 每个变量占表格的一行或一列，一般先列自变量，后列因变量，每行或每列的第一栏要写明变量的名称、量纲和公用因子。

(3) 表中的数据排列要整齐，有效数字的位数要一致，同一列数据的小数点要对齐，若为函数表，数据应按自变量递增或递减的顺序排列，以显示出因变量的变化规律。

(4) 处理方法和计算公式应在表下注明。

4. 用计算机软件绘制工作曲线

用计算机软件（如常用的Excel和Origin软件）进行实验数据的处理、画图，已经是一门比较成熟的技术，其快速、准确的特点是其他方法所不具备的，如今已广泛地应用在科研、教学中。在仪器分析中，经常用工作曲线法测定被测组分的含量，工作曲线的好坏直接影响着测量结果的准确度，因此，正确地绘制工作曲线是保证测量结果准确的重要步骤之一。如用分光光度法测定 Fe^{3+} 质量浓度的实验中，在绘制工作曲线时，首先按与试样测定相同的实验方法配制一系列浓度由低到高的标准溶液，然后测定系列标准溶液的吸光度，数据见表 1-4。

表 1-4　吸光度 *A* 与 Fe^{3+} 质量浓度之间的关系

Fe^{3+} 的质量浓度 /(mg · L^{-1})	0.00	0.40	0.80	1.20	1.60	2.00
吸光度 *A*	0.00	0.081	0.162	0.236	0.314	0.392

(1)使用 Excel 软件画图。Excel 是 Microsoft Office 的套件之一，用于表格处理、画图、数据分析。在 Excel 中能方便地将表格中的数据转化为图。以吸光度为纵坐标，溶液的质量浓度为横坐标，作出吸光度-质量浓度曲线，即得工作曲线，如图 1-15 所示。若同时测出试样的吸光度，就可从工作曲线求出其浓度。

横坐标既可以为比色管内溶液的物质的质量浓度，也可以为比色管内量取标准溶液的体积。若横坐标为比色管内溶液的质量浓度，则由样品溶液的吸光度在工作曲线上查出的对应于横坐标的数值为被测组分在比色管内的物质的质量浓度；若横坐标为比色管内量取标准溶液的体积，则由样品溶液的吸光度在工作曲线上查出的对应于横坐标的数值为被测组分相当于标准溶液的体积；若横坐标为比色管内量取标准溶液的质量，则由样品溶液的吸光度在工作曲线上查出的对应于横坐标的数值为被测组分在比色管内的质量。

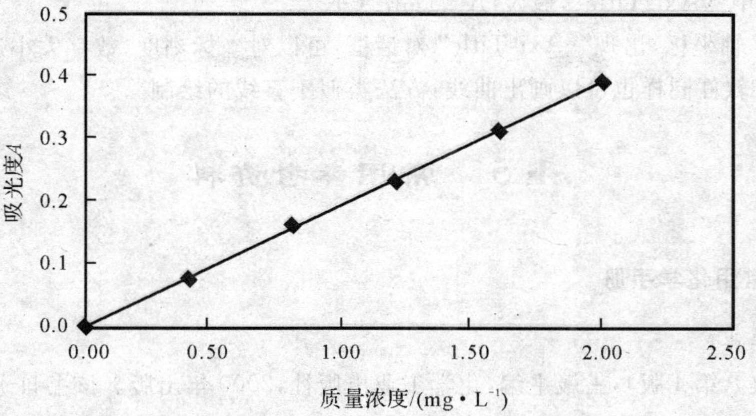

图 1-15　吸光度 A 与 Fe^{3+} 质量浓度之间的关系

其处理过程如下：

1) 启动 Excel 后，出现自动创建一个新的工作簿文件，取名为 Bookl；

2) 将实验数据按"列"输入，Fe^{3+} 的质量浓度输入 A 列，吸光度输入 B 列；

3) 点"插入"菜单，选择"图表"，出现"图表类型"对话框，选择其中的"XY 散点图"，点"下一步"；

4) 出现"图表源数据"对话框，在"数据区域"中填上"A：B"，并在"系列产生"框中选"列"，点"下一步"；

5) 出现"图表选项"对话框，在"图表标题"中填入"吸光度 A 与 Fe^{3+} 质量浓度之间的关系"；在"数轴(X)轴"中填入"质量浓度"；在"数轴(Y)轴"中填入"吸光度 A"，点"完成"即可得到图；

6) 将鼠标移至图中任一点，单击右键，可以对"网格线""图案颜色"等进行修改；

7) 将鼠标移至图中任一数据点，单击右键选中此列数据点，并在出现的对话框中选择"添加趋势曲线"，然后在"类型"页中选"线性(L)"，在"选项"页中的"显示公式"和"显示 R 平方值"前打"√"，按"确定"键，即可得到回归方程 $A=0.195\,2c+0.002\,3$，$R^2=0.999\,8$。

(2) 使用 Origin 软件画图。Origin 是在 Windows 平台下用于数据分析和工程绘图的软件，它功能强大，应用很广，最基本的功能是曲线拟合。现以对表中实验数据的处理为例，介绍 Origin 6.0 软件曲线的拟合过程。

1) 启动 Origin 后，出现"Datal"；

2) 将数据按"列"输入，Fe^{3+} 的含量输入 A(X) 列，吸光度 A 输入 B(Y) 列；

3) 将光标移至 B(Y) 列，单击右键，选择"Plot"，再选择"Scantter"，即得到图形文件 Graphl；

4) 点击"Tools"菜单，选择"LinearFit"，出现"LinearFit"对话框，点击"Fit"，在 Graphl 中就显示出得到拟合曲线 ResultsLog 窗口出现拟合后的有关参数如下：

回归系数：　　$A=0.002\,29$，　$B=0.195\,21$

相关系数：　　$R=0.999\,91$

5) 双击图中"xAxisTitle"处，出现"Textcontrol"，输入"$c(Fe^{3+})/(mg\cdot L^{-1})$"，点击

“OK”；双击图中“yAxisTitle”，输入“A”，点击“OK”。

6）双击 Y 轴坐标，出现“yAxisTitle”对话框，可以对坐标刻度、数字大小进行修改。

用 Origin 软件同样也可以画出曲线，方法类似于直线的绘制。

1.5 常用参考资料

1.5.1 常用化学手册

1.《化工辞典》

《化工辞典》(第 4 版)，王箴主编，化学工业出版社，2000 年出版。该书自 1969 年第 1 版与读者见面以来，至今已经历了 40 多个春秋。曾三次再版，多次重印。每次重印时均做了部分修改，以使辞典所反映的内容能跟上时代的步伐。由于《化工辞典》收词全面、新颖、实用，释义科学、准确、简明、规范，检索查阅方便，长期以来，深受广大读者青睐。《化工辞典》第 2 版曾于 1982 年获得全国优秀科技图书奖，第 3 版曾于 1997 年获得化工部科技进步三等奖。该书也多次获畅销书奖，累积印数达 50 多万册。第 4 版修订的重点是力求反映近 10 年来，尤其是改革开放以来我国化工领域的新进展和新成果，对许多概念、化工产品、生产方法、机械设备等都进行了更新，尤其在材料、环境保护、精细化工、生化、医药、化工设备及元素等各方面进行了全面、系统性的调整。此次修订再版增加了新词目 2 400 余条，删除过于陈旧的词目 400 余条。对原有词目的内容也做了相应的更新及修改。经过修订后的《化工辞典》第 4 版共收词目 16 000 余条，列出了物质的分子式、结构式、基本的物理化学性质、相对密度、熔点、沸点和溶解度等数据，并有简要的制备方法和用途说明。内容按笔画顺序排列，书前附有《汉语拼音检字表》，查阅较为方便。

2. *Aldrich*

Aldrich 是化学试剂目录，由美国 Aldrich 化学试剂公司出版，它收集了 18 000 多个化合物。一个化合物作为一个条目，内含相对分子质量、分子式、沸点、熔点、折光率等数据。书后附有分子式索引，便于查找，还列出了化学实验中常用仪器的名称、图形和规格。每年出版一册新书。

3. *Handbook of Chemistry and Physics*

Handbook of Chemistry and Physics 分类列出了常见化合物的分子式、相对分子质量、颜色、结晶形状以及物理量数据和参考文献等。化合物是按照其英文名称的字母顺序排列的。该书内容分为以下六个方面：

A 部，数学用表，如基本数学公式、度量衡的换算等；

B 部，元素和无机化合物；

C 部，有机化合物；

D 部，普通化学，包括二组分和三组分恒沸混合物、热力学常数、缓冲溶液的 pH 值；

E 部，普通物理常数；

F 部，其他。

4.《简明化学手册》

《简明化学手册》([苏联]B. A. 拉宾若维奇，哈文，等. 尹承烈，等，译. 北京：化学工业出版社，1983）包括各种化合物的物理性质、化学性质和热力学性质，分析化学、溶液性质、化学平衡以及实验技术等方面的数据、资料。

5.《大学化学手册》

《大学化学手册》（印永嘉．济南：山东科学技术出版社，1985）内容分为无机化学、分析化学、有机化学、物理化学和结构化学五大部分。书中收集了大量的数据表，并介绍了一些基本概念。

6.《实用化学手册》

《实用化学手册》（张向宇，等．北京：国防工业出版社，1986）介绍了化学元素、无机化合物、有机化合物、气体、空气、水、固体和液体及水溶液的各项性质、鉴定方法以及实验技术等。

7.《试剂手册》

《试剂手册》（中国医药公司上海化学试剂采购供应站．上海：上海科学技术出版社，1985）收录了 7 509 种化学试剂的性状、用途、储存、危险性质及其规格等内容。

1.5.2　常用参考书

1.《化学实验规范》

《化学实验规范》（北京师范大学《化学实验规范》编写组．北京：北京师范大学出版社，1987）介绍了各门化学实验课教学的目的要求、操作规范及各项培养规格。

2.《化学分析基本操作规范》

《化学分析基本操作规范》（《化学分析基本操作规范》编写组．北京：高等教育出版社，1984）在总结全国高校分析化学实验教学基础上，编写的定性和定量分析规范操作。

1.5.3　常用期刊

（1）《中国科学》。月刊，其英文名称为 *Science China*。1972 年开始出中文和英文两种文字版本。刊登我国各个自然科学领域中的研究成果，分为 A，B 两辑，B 辑主要包括化学、生命科学、地理学方面的学术论文。

（2）《化学学报》。

（3）《高等学校化学学报》。

（4）《分析化学》。

（5）《应用化学》。

（6）*Chinese Chemical Letters*。英文月刊，刊登化学学科各领域重要研究成果的简报。

（7）《大学化学》。双月刊，刊登化学教育中重要课题的研讨，交流教学改革经验，报道化学学科研究的新知识新技术。

第2章 化学实验基本技能

2.1 实验室用水

化学实验室中所用的水必须是纯化的水，不同的实验对水质的要求也不相同。一般的化学实验用一次蒸馏水或去离子水；超纯分析或精密物理化学实验中，需要水质更高的二次蒸馏水、三次蒸馏水或根据实验要求用无二氧化碳蒸馏水等。

2.1.1 规格

自来水中常含有 K^+，Na^+，Ca^{2+}，Mn^{2+} 等金属离子的碳酸盐、硫酸盐、氯化物及某些气体等杂质。使用自来水配制溶液时，这些杂质可能会与溶液中的溶质起化学反应而使溶液变质失效，也可能会对实验现象或结果产生不良的干扰和影响，因此做化学实验时，溶液的配制一般要用纯水，即经过提纯的水。国标 GB 6682—2008 中明确规定了实验室用水的级别、主要技术指标及检验方法，见表 2-1。

表 2-1 实验室用水的级别及主要指标

指标名称	一 级	二 级	三 级
pH 范围(25℃)	—	—	5.0～7.5
电导率(25℃)/($mS \cdot m^{-1}$)	≤0.01	≤0.10	≤0.50
可氧化物质(以氧计)/($mg \cdot L^{-1}$)	—	<0.08	<0.4
蒸发残渣(105±2)℃/($mg \cdot L^{-1}$)	—	≤1.0	≤2.0
吸光度(254 nm，1 cm 光程)	≤0.001	≤0.01	
可溶性硅(以 SiO_2 计)/($mg \cdot L^{-1}$)	<0.01	<0.02	

2.1.2 制备方法

1. 蒸馏水

将自来水经过蒸馏器蒸馏，所产生的蒸汽经冷凝即得蒸馏水。由于绝大部分无机盐都不挥发，因此虽然蒸馏水较纯净，但其中溶解的气体杂质不能完全被除去，适用于一般溶液的配制。此外，一般蒸馏装置所用材料是不锈钢、纯铝或玻璃，因此可能会带入金属离子。

2. 去离子水

离子交换树脂由高分子骨架、离子交换基团和孔三部分组成。离子交换基团上具有的 H^+ 和 OH^- 与水中阳、阴离子杂质进行交换，将水中的阳、阴离子杂质截留在树脂上，进入水中的 H^+ 和 OH^- 重新结合成水而达到纯化水的目的。能与阳离子起交换作用的树脂称为阳离子交换树脂，与阴离子起交换作用的树脂则称为阴离子交换树脂。将自来水依次通过阳离子树脂交换柱，阴离子树脂交换柱，阴、阳离子树脂混合交换柱后所得到的纯水为去离子水，其纯度比蒸馏水高，但不能除去非离子型杂质，常含有微量的有机物。

3. 电导水

在第一套蒸馏器（最好是石英材料的，其次是硬质玻璃材料的）中装入蒸馏水，加入少量高锰酸钾固体，经蒸馏除去水中的有机物，得重蒸馏水。再将重蒸馏水注入第二套蒸馏器中（最好也是石英材料的），加入少许硫酸钡和硫酸氢钾固体，进行蒸馏。弃去馏头、馏后各 10 mL，收取中间馏分。电导水应收集保存在带有碱石灰吸收管的硬质玻璃瓶内，但时间不能太长，一般在两周以内。

采用蒸馏或离子交换法制备的纯水一般为三级水。将三级水再次蒸馏后所得纯水一般为二级水，常含有微量的无机、有机或胶态杂质。将二级水再进一步处理后所得纯水一般为一级水。用石英蒸馏器将二级水再次蒸馏所得的水，基本上不含有溶解或胶态离子杂质及有机物。

2.1.3　检验

纯水的质量可以根据水中杂质离子含量多少进行确定，主要质量指标是电导率（或电阻率）。水的纯度越高，杂质离子的含量越少，水的电阻率越高。

测定电导率应选用适于测定高纯水的电导率仪（最小量程为 0.02 $\mu S \cdot cm^{-1}$）。测定一、二级水时，电导池常数为 0.01～0.1，进行“在线”（即将电极装入制水设备的出水管道中）测定。测定三级水时，电导池常数为 0.1～1，用烧杯接取约 300 mL 水样，立即测定。

除电导率指标外，一般的检验也可进行，诸如：pH 值、重金属离子、Cl^- 离子、SO_4^{2-} 离子等检验。此外，根据实际工作的需要及生化、医药化学等方面的特殊要求，有时还要进行一些特殊项目的检验。

2.2　简单玻璃工操作

在化学实验中，常用到玻璃棒、弯管、滴管、毛细管等简单的玻璃用具，尽管多数情况下可获得成品，但有时也需要自己动手制作。因而学会简单的玻璃工操作技术具有一定的实用价值，也是必备的基本实验技能之一。

2.2.1　玻璃管（棒）的截断与熔光

选择干净、粗细合适的玻璃管（棒），平放在桌面上，一手按住玻璃管（棒），一手用三角锉的棱边在须截断的地方用力划一锉痕（只能向一个方向锉，不要来回锉）（见图 2－1），注意锉痕应与玻璃管（棒）垂直。然后用两手握住玻璃管（棒），锉痕朝外，两拇指置于锉痕背后，轻轻用力向前推压（见图 2－2），同时两手稍用力向两侧拉，玻璃管（棒）便在锉痕处断开。

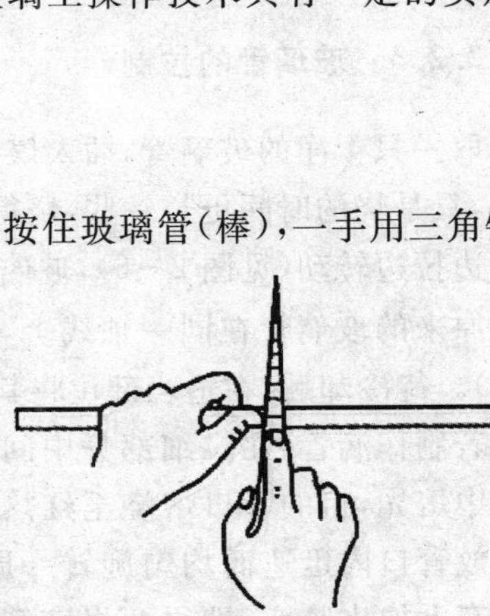

图 2－1　锉痕

新切断的玻璃管（棒）的断口很锋利，容易划伤皮肤、割破橡皮管，需要熔烧圆滑。其方法是：将断口置于煤气灯氧化焰的边缘，不断转动玻璃管（棒），使受热均匀，断面变得光滑即可(见图 2-3)。熔烧时间不宜太长,以免玻璃管管口缩小,玻璃棒变形。

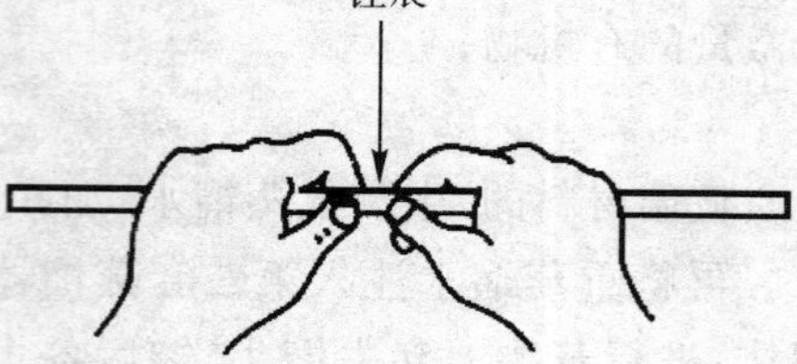

图 2-2　两拇指齐放于锉痕的背后

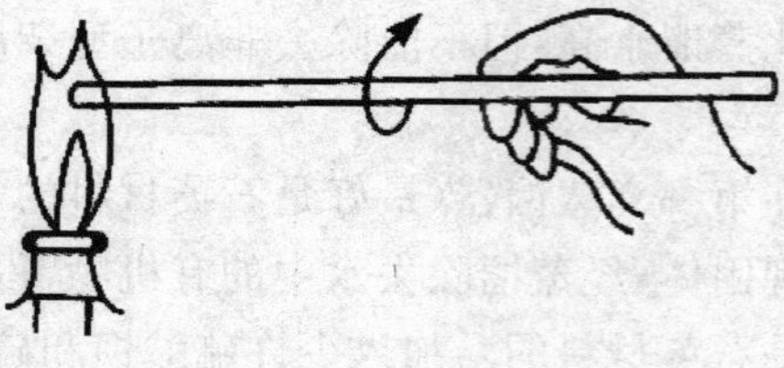

图 2-3　均匀转动使断面光滑

2.2.2　玻璃管的弯曲

两手轻握玻璃管的两端,将需要弯曲的部位斜插入煤气灯氧化焰中加热,以增大玻璃管的受热面积(也可用鱼尾灯头,见图 2-4),缓慢而均匀地转动玻璃管,使之受热均匀。当玻璃管加热到适当软化但未自动变形时,从火焰中取出,轻轻地弯曲至所需角度,待玻璃管变硬后再放手。较大角度的弯管可以一次弯成,若需要较小角度的弯管,可分几次弯成。先弯成一个较大的角度,然后在第一次受热部位的附近位置再加热、弯曲,直至得到所需角度。

在加热和弯曲玻璃管时,要用力均匀,不要扭曲。玻璃管弯成后,应检查弯管处是否均匀平滑,整个玻璃管是否在同一平面上(见图 2-5)。玻璃管弯好后置于石棉网上自然冷却。

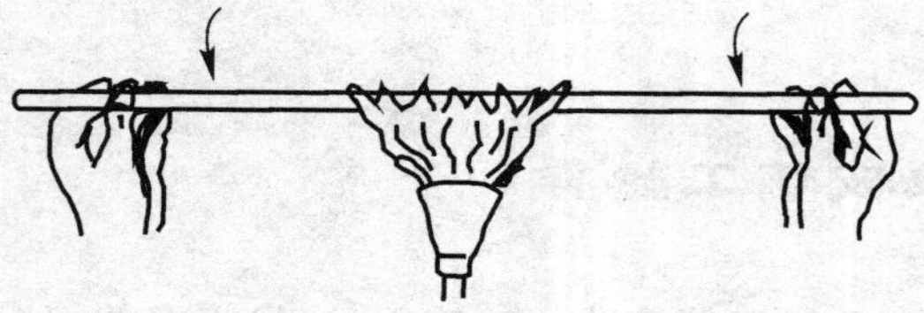

图 2-4　玻璃管的加热

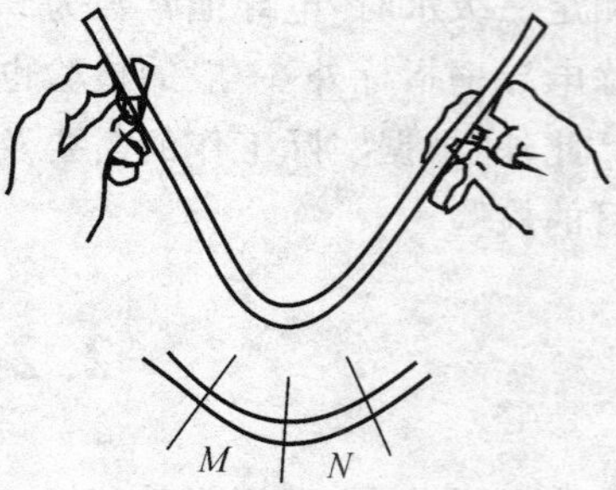

图 2-5　玻璃管的弯曲

2.2.3　玻璃管的拉制

取一只干净的玻璃管,插入煤气灯氧化焰中加热。加热的方法与玻璃管的弯曲方法基本相同,只是烧的时间更长一些,烧得更软一些,待玻璃管呈红黄色时移出火焰,顺着水平方向慢慢地边拉边转动(见图 2-6),玻璃管拉至所需粗细后,一手持玻璃管,使其下垂。拉出的细管应与原来的玻璃管在同一轴线上,不能歪斜(见图 2-7)。待冷却后,在适当部位将其截断。

若制作滴管,在拉细部分中间截断,将尖嘴在小火中熔光,粗的管口熔烧至红热后,用金属锉刀柄斜放管口内迅速而均匀旋转一周,使管口扩大,然后套上橡皮胶头,即得两根滴管。若需毛细管,则要拉得更细一些(直径约 1 mm)。

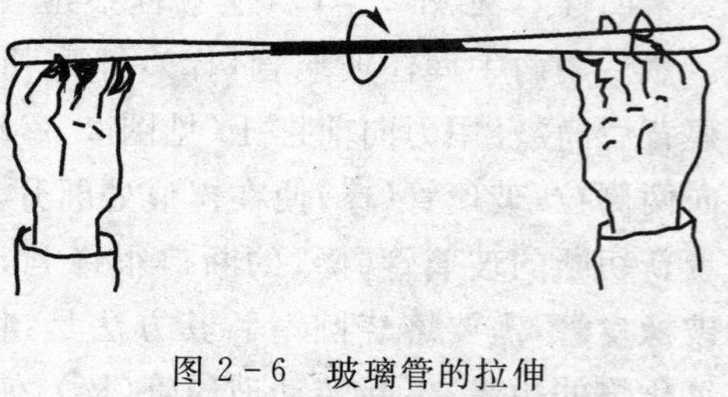

图 2-6　玻璃管的拉伸

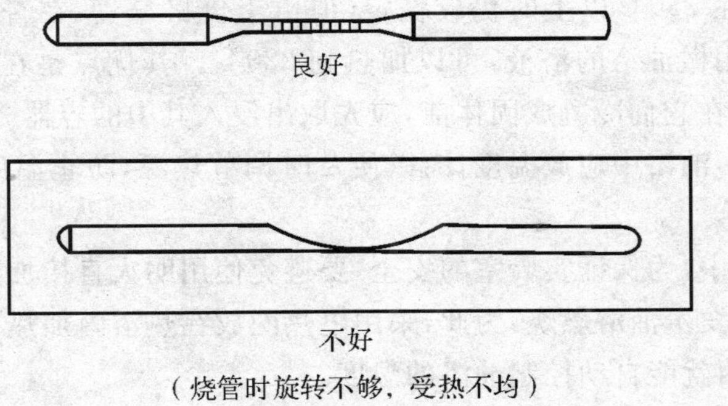

图 2－7　拉管好坏比较

2.3　实验室加热与冷却技术

2.3.1　加热技术

化学反应的反应速率，一般情况下随温度升高而加快，大体上温度每升高 10℃，反应速率就要增加 2～4 倍。因此，为了增加反应速率，往往需要在加热条件下进行反应。此外，化学实验的许多基本操作如蒸发、回流、蒸馏等都要用到加热。

化学实验室中常用的玻璃仪器一般不能用火焰直接加热，因为剧烈的温度变化和加热不均匀会造成玻璃仪器的损坏。同时，由于局部过热，还可能引起化合物（特别是有机化合物）的部分分解。为了避免直接加热可能带来的弊端，实验室中常常根据具体情况应用不同的间接加热方式。

1. 石棉网

最简便的方法是通过石棉网进行加热。把石棉网放在三角架或铁圈上，用煤气灯在下面加热，可避免由于局部过热引起有机化合物分解，但这种加热仍很不均匀，故在减压蒸馏或回流低沸点易燃物等操作中就不能用这种加热方式。

2. 水浴

当需要加热的温度在 80℃以下时，可将容器浸入水浴中（注意：勿使容器触及水浴底部），小心加热以保持所需的温度。但是若要长时间加热，水浴中的水难免会气化外逸，在这种情况下，可采用附有自动添水装置的水浴（见图 2－8），这样既方便又能保证加热温度的恒定。若需要加热到 100℃时，可用沸水浴或水蒸气浴。如果加热温度要高于 100℃，则可选用适当无机盐类的饱和水溶液作为热溶液。

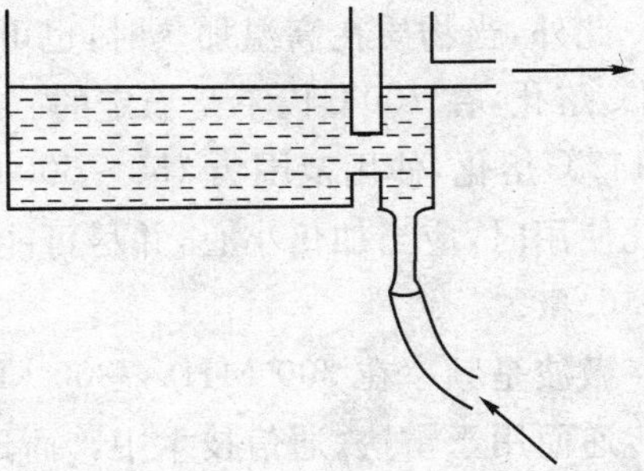

图 2－8　附有自动添水装置的水浴

3. 油浴

在 100～250℃间加热可用油浴，油浴所能达到的最高温度取决于所用油的种类。若在植物油中加入 1％的对苯二酚，便可增加其在受热时的稳定性；透明石蜡油可加热到 220℃，温度再高也不分解，但易燃烧；甘油和邻苯二甲酸二正丁酯可加热到 140～145℃，温度过高则易分解；硅油和真空泵油在250℃以上时仍较稳定，但由于价格昂贵，在普通实验室中并不常用。此外，蜡或石蜡也可用做油浴的浴液，可以加热到220℃。其优点是在室温时是固体，便于储藏，但是加热完毕后，在它们冷凝成固体前，应先取出浸入其中的容器。

使用油浴加热时，油浴中应放温度计，以便及时调节热源，防止温度过高。同时应防止水溅入。

在有机合成实验中，为保证实验室的安全，要避免使用明火直接加热。尤其是用明火加热油浴时，稍有不慎，常发生油浴燃烧，为此，采用电热圈放在热浴内加热更为安全。若与继电器和接触式温度计相连，就能自动控制油浴的温度。

4. 砂浴

加热温度必须达到数百度以上时往往使用砂浴。将清洁而又干燥的细砂平铺在铁盘上，将盛有液体的容器埋入砂中，在铁盘下加热，液体就间接受热。由于砂对热的传导能力较差而散热却很快，因而容器底部与砂浴接触处的砂层要薄些，使其易受热；容器周围与砂接触的部分，可用较厚的砂层，使其不易散热。但砂浴因散热太快，温度上升较慢，且不易控制，故其使用范围受限。

5. 空气浴

沸点在80℃以上的液体，原则上均可采用空气浴加热。最简便的空气浴可用下面的方法制作：取一个空的铁罐（用过的罐头盒即可），罐口边缘剪光后，在罐的底部打数行小孔，另将圆形石棉片（直径略小于罐的直径，厚约2～3 mm放入罐中，使其盖在小孔上，罐的四周用石棉布包裹。另取直径略大于罐口的石棉板2～4 mm一块，在其中挖一个洞（洞的直径接近于蒸馏瓶或其他容器颈部的直径），然后对切为二，加热时用以盖住罐口。使用时将此空气浴放置在铁三脚架上，用火焰加热即可。注意蒸馏瓶或其他容器在罐中切勿触及罐底，其正确位置如图2-9所示。作为一种简易的加热措施，有时也可将烧瓶离开石棉网1～2 mm代替空气浴加热。

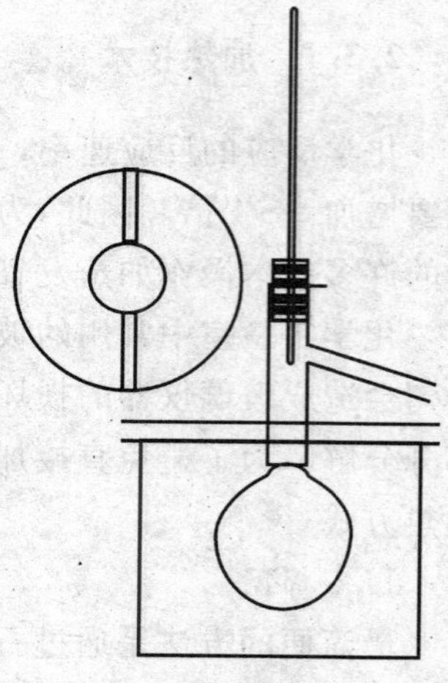

图2-9　空气浴

此外，当物质在高温加热时，也可以使用熔融的盐，如等质量的硝酸钠和硝酸钾混合物在218℃熔化，在700℃以下是稳定的。含有40％亚硝酸钠、7％硝酸钠和53％硝酸钾的混合物在142℃熔化，使用范围为150～500℃。必须注意，若熔融的盐触及皮肤，会引起严重的烧伤，因此使用时，应当加倍小心，并尽可能防止溢出或飞溅。

6. 微波

微波是频率在300 MHz～300 kMHz的电磁波（波长范围为1 mm～1 m），通常是作为信息传递而用于雷达、通信技术中。而近代应用中又将它扩展为一种新能源，在工农业上用做加热、干燥；在化学工业中催化化学反应；在科研中激发等离子体等。

一些介质材料由极性分子和非极性分子组成；在微波电磁场作用下，极性分子从原来的热运动状态转向依照电磁场的方向交变而排列取向，产生类似摩擦热，在这一微观过程中交变电磁场的能量转化为介质内的热能，使介质温度出现宏观上的升高，这就是对微波加热最通俗的解释。由此可见，微波加热是介质材料自身损耗电磁场能量而发热。对于金属材料，电磁场不能透入内部而是被反射出来，因此金属材料不能吸收微波。水是吸收微波最好的介质，因此凡含水的物质必定吸收微波。有些介质虽然是非极性分子组成，但也能在不同程度上吸收微波。

微波加热的特点：

(1)加热速度快。常规加热如火焰、热风、电热、蒸气等，都是利用热传导的原理将热量从被加热物外部传入内部，逐步使物体中心温度升高，称为外部加热。要使中心部位达到所需的温度，需要一定的时间，导热性较差的物体所需的时间就更长。微波加热是使被加热物本身成为发热体，称为内部加热方式，不需要热传导的过程，内外同时加热，因此能在短时间内达到加热效果。

(2)均匀加热。在常规加热时，为提高加热速度，就需要升高加热温度，容易产生外焦内生现象。微波加热时，物体各部位通常都能均匀渗透电磁波，产生热量，因此均匀性大大改善。

(3)节能高效。在微波加热中，微波只能被加热物体吸收而生热，加热室内的空气与相应的容器都不会发热，因此热效率极高，环境也明显改善。

(4)易于控制。微波加热的热惯性极小，若配用微机控制，则特别适宜于加热过程和加热工艺的自动化控制。

(5)选择性加热。微波对不同性质的物料有不同的作用，这一点对干燥作业非常有利。因为水分子对微波的吸收最好，所以含水量高的部位，吸收微波功率多于含水量较低的部位，这就是选择加热的特点。值得注意的是，有些物质当温度愈高，吸收性愈好，造成恶性循环，出现局部温度急剧上升造成过干，甚至炭化，对这类物质进行微波加热时，要注意制定合理的加热工艺。

(6)安全无害。微波加热、干燥技术，无废水、废气、废物产生，也无辐射遗留物存在，其微波泄漏也大大低于国家制定的安全标准，是一种十分安全无害的高新技术。

2.3.2　冷却技术

有些反应，其中间体在室温下是不够稳定的，必须在低温下进行，如重氮化反应等。有的放热反应，常产生大量的热，使反应难以控制，并引起易挥发化合物的损失，也可导致有机物的分解或增加副反应，为了除去过量的热量，便需要冷却。

此外，为了减少固体化合物在溶剂中的溶解度，使其易于析出结晶，也常需要冷却。

将反应物冷却的最简单的方法就是把盛有反应物的容器浸入冷水中。有些反应必须在室温以下的低温进行，这时最常用的冷却剂是冰或水和冰的混合物，后者由于能和器壁接触得更好，它冷却的效果要比单用冰好。如果有水存在，并不妨碍反应的进行，也可以将冰块直接投入反应物中，这样可以有效地保持低温。

若需要把反应混合物冷却到 0℃以下时，可用盐和碎冰的混合物。1 份食盐与 3 份碎冰的混合物，温度可降至－20℃，但在实际操作中，温度约降至－5～－18℃；食盐投入冰内时碎冰易结块，故最好边加入边搅拌。其他盐类与冰的混合物，也有良好的制冷效果，如冰与六水合氯化钙结晶($CaCl_2 \cdot 6H_2O$)的混合物，理论上可得到－50℃左右的低温。在实际操作中，10 份六水合氯化钙结晶与 7～8 份碎冰均匀混合，温度可达到－20～－40℃。表 2－2 列出了常用冷冻剂及其达到的温度。

为了保持制冷剂的效力，通常把干冰或它的溶液及液氨盛放在保温瓶（也叫杜瓦瓶）或其他绝热较好的容器中，上口用铝箔覆盖，降低其挥发的速度。

表 2-2　常用冷冻剂及其达到的温度

冷冻剂	t/℃	冷冻剂	t/℃
30 份 NH_4Cl+100 份水	−3	5 份 $CaCl_2 \cdot 6H_2O$+4 份冰块	−55
4 份 $CaCl_2 \cdot 6H_2O$+100 份碎冰	−9	干冰+二氯乙烯	−60
100 份 NH_4NO_3+100 份水	−12	干冰+乙醇	−72
1 份 NaCl+3 份冰水	−20	干冰+丙酮	−78
125 份 $CaCl_2 \cdot 6H_2O$+100 份碎冰	−40	液态 N_2	−190

应当注意，若温度低于−39℃时，则不能使用水银温度计。因为低于此温度时，水银就会凝固。对于较低的温度，常常使用内装有机液体（如甲苯温度可达到−90℃；正戊烷温度可达到−130℃）的低温温度计。为了便于读数，往往向液体内加入少许颜料。但由于有机液体传热较差和黏度较大，这种温度计达到平衡的时间较长。

2.4　玻璃仪器的洗涤与干燥

2.4.1　玻璃仪器的洗涤

无机化学实验室经常使用的玻璃仪器和陶瓷器皿，必须保证清洁，才能使实验得到准确的结果，因此学会清洗玻璃仪器是进行化学实验的重要环节。洗涤仪器的方法很多，应根据实验的要求、污物的性质和玷污的程度来选择。一般来说附着在仪器上的污物有尘土和其他不溶性物质、可溶性物质、有机物质和油污等。针对不同情况可以分别用下列方法进行洗涤：

(1)刷洗或水洗，即用试管刷刷洗，可以使附着在仪器上的尘土和其他不溶性物质脱落下来，用水洗则可除去可溶性物质。

(2)用去污粉或肥皂可以洗去油污和有机物质，若仍洗不干净，可用热的碱溶液洗。

(3)用浓盐酸可以洗去附着在器壁上的氧化剂，如 MnO_2 等污物。

(4)用氢氧化钠-高锰酸钾洗液，可以洗去油污和有机物质。洗后在器壁上留下的二氧化锰沉淀可再用盐酸洗。

(5)在进行精确的定量实验时，即使少量杂质亦会影响实验的准确性，因而要求用洗液来洗涤仪器，洗液是等体积的浓硫酸和饱和重铬酸钾溶液的混合物，具有很强的氧化性、酸性和去污能力。使用洗液时必须注意如下几点：

1)使用洗液前最好用水或去污粉把仪器洗一遍；

2)应该尽量把仪器的水去掉，以免把洗液冲稀；

3)洗液用后倒回原瓶，可以重复使用，装洗液的瓶塞要盖紧，以防止洗液吸水而被冲淡；

4)不要用洗液去洗涤具有还原性的污物（如某些有机物）；

5)洗液具有很强的腐蚀性，会灼伤皮肤和损坏衣物，使用时要小心，如洗液溅到皮肤或衣物上，应立即用水冲洗；

6)用上述方法洗涤后，还要用自来水冲洗，但自来水中含有 Ca^{2+}，Mg^{2+}，Cl^- 等离子，如果实验中不允许这些杂质存在，则应该再用少量的蒸馏水荡洗两次，以便除去这些杂质离子。

(6)有的实验室中还配有超声波清洗器来洗涤玻璃仪器，既省时又方便。其操作方法：将需要洗涤的仪器放入盛有洗涤剂的超声波清洗器清洗槽中，接通电源，利用超声波的振动和能量，达到清洗仪器的目的。清洗过的仪器，再用自来水清洗。

洗净的仪器壁上不应附着不溶物、油污，器壁可被水完全湿润。把仪器倒转过来，水即顺器壁流下，器壁上只留下一层既薄又均匀的水膜，不挂水珠，这表示仪器已经洗干净。已洗净的仪器不能再用布或纸抹，因为布和纸的纤维会留在器壁上弄脏仪器。

2.4.2　玻璃仪器的干燥

实验所用的仪器，除必须清洗外，有时还要求干燥。干燥的方法有如图 2－10 中所示的几种。

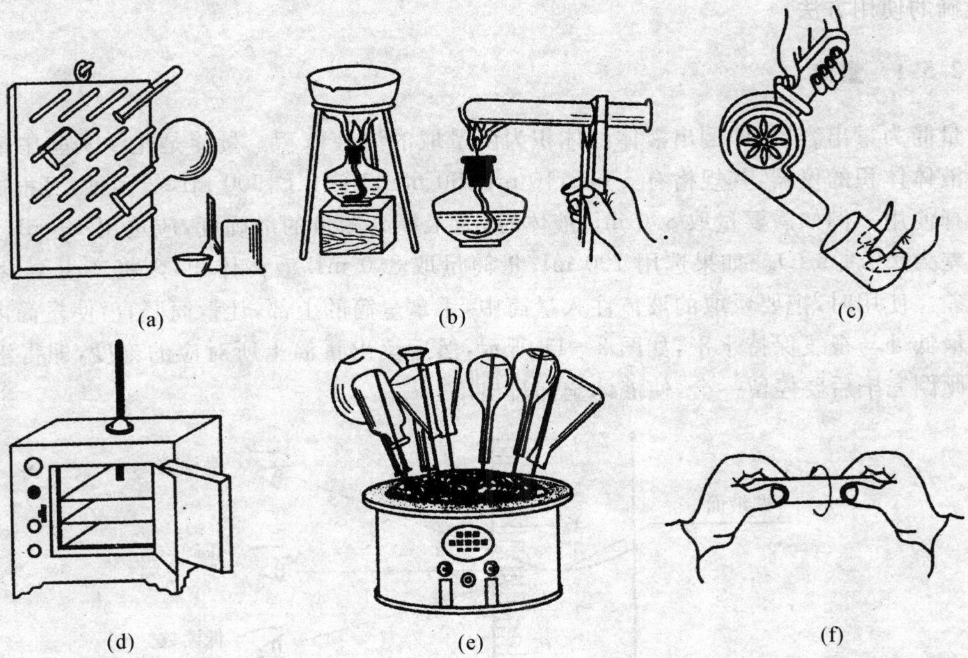

图 2－10　玻璃仪器的干燥方法

(a)晾干；(b)烤干；(c)吹干；(d)烘干；(e)气流烘干；(f)有机溶剂润湿后晾干或吹干

1. 烘干

洗净的仪器，可以放在恒温箱内烘干。放置仪器时应注意使仪器的口朝下，不能倒置的仪器则应单放，应该在恒温箱的最下层放一个瓷盆，盛收从仪器滴下的水珠，以免损坏电炉丝。

2. 烤干

烧杯或蒸发皿可置于石棉网上用火烤干。试管烘烤干燥时可将试管略为倾斜，管口向下，不断转动试管，赶掉水汽，最后管口朝上，以便把水汽赶尽。

3. 晾干

洗净的仪器可以倒置于干净的实验柜内或放在仪器架上晾干。

4. 吹干

用压缩空气(或吹风机)把仪器吹干。

5. 用有机溶剂干燥

带有刻度的计量仪器不能用加热的方法干燥，因此与一些急需用的仪器一样，采用有机溶剂快速干燥法干燥：将易挥发的有机溶剂（如乙醇、丙酮等）少量加入到已经用水洗干净的玻璃仪器中，倾斜并转动仪器，使水与有机溶剂互溶，然后倒出，同样操作两次后，再用乙醚洗涤仪器后倒出，自然晾干或用电吹风吹干。

2.5 常用滴定分析仪器的使用

实验室中常用于度量液体体积的量器有量筒、吸量管、滴定管、容量瓶和移液管等。能否正确使用这些量器，直接影响到实验结果的准确度。因此，必须了解各种量器的特点、性能，掌握正确的使用方法。

2.5.1 量筒

量筒为量出容器，即倒出液体的体积为所量取的溶液体积。量筒是化学实验中最常用的度量液体体积的仪器，其规格有 5 mL，10 mL，50 mL，100 mL，500 mL 等多种，可根据不同需要选择使用。例如需要量取 8.0 mL 液体时，为了提高测量的准确度，应选用 10 mL 量筒（测量误差为±0.1 mL）。如果选用 100 mL 量筒量取 8.0 mL 液体体积，则将产生至少±1 mL 的误差。使用时，把要量取的液体注入量筒中，手拿量筒的上部，让量筒竖直，使量筒内液体凹面的最低处与视线保持水平，如图 2－11 所示，然后读出量筒上所对应的刻度，即得液体的体积。倾倒完毕后要停留一会，使液体全部流出。

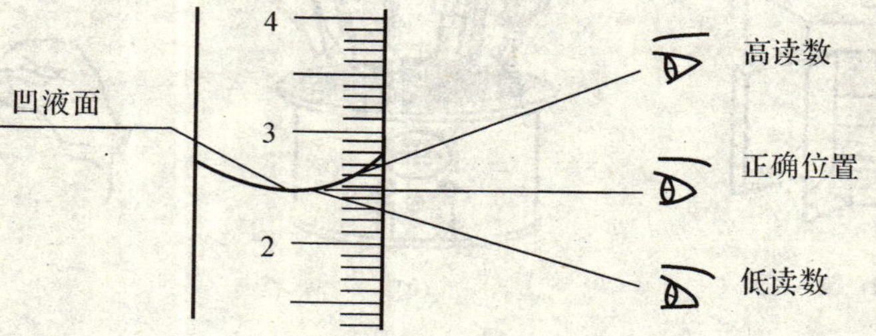

图 2－11 量筒的读数方法

2.5.2 滴定管

滴定管是用来准确放出不确定量液体的容量仪器，由细长而均匀的玻璃管制成的，管上有刻度，下端是一尖嘴，中间有节门用来控制滴定的速度。滴定管分酸式和碱式两种，前者用于量取对橡皮管有侵蚀作用的液态试剂，后者用于量取对玻璃有侵蚀作用的液体。

1. 酸式滴定管的操作要求

酸式滴定管是一种准确测量流出液体体积的量器，它是具有精确刻度、内径均匀的细长玻璃管，它的下端有一个玻璃旋塞，开启旋塞，滴定液即自管内滴出。酸式滴定管通常用来装酸性溶液或氧化性溶液，但不适用于盛装碱性溶液。

常量分析的滴定管容积一般有 50 mL 和 25 mL 两种，其最小刻度为 0.1 mL，最小刻度可估计到 0.01 mL，一般读数误差为±0.01 mL。50 mL 酸式滴定管的上端是 0.00 mL，下端是

50.00 mL。另外，还有容积为 10 mL，5 mL，2 mL 的微量滴定管。

(1)检漏。检查滴定管是否漏水时，关闭旋塞，将管内充满水，夹在滴定管夹上，观察管口及活塞两端是否有水渗出，将活塞旋转 180°。再观察一次，无漏水现象即可使用，若有漏水现象，则重新涂油。

(2)涂油。酸式滴定管在使用前，应检查活塞旋转是否灵活，如不符合要求，旋塞应重新涂油。旋塞涂油是起密封和润滑作用，最常用的油是凡士林油。涂油的方法是将滴定管平放在台面上，抽出旋塞，用滤纸将旋塞及塞槽内的水擦干，用手指蘸少许凡士林在旋塞的两端涂上薄薄的一层，如图 2-12(a)所示，在旋塞孔的两旁少涂一些，以免凡士林堵住塞孔。涂好凡士林的旋塞插入旋塞槽内，沿同一方向旋转旋塞，直到旋塞部位的油膜均匀透明，如图 2-12(b)所示。如发现转动不灵活或旋塞上出现纹路，表示油涂得不够；若有凡士林从旋塞缝挤出，或旋塞孔被堵，表示凡士林涂得太多。遇到这些情况，都必须把旋塞和塞槽擦干净后重新处理。在涂油过程中，滴定管始终要平放、平拿，不要直立，以免擦干的塞槽又沾湿。涂好凡士林后，用橡皮筋把旋塞固定在滴定管上，以防活塞脱落破损。

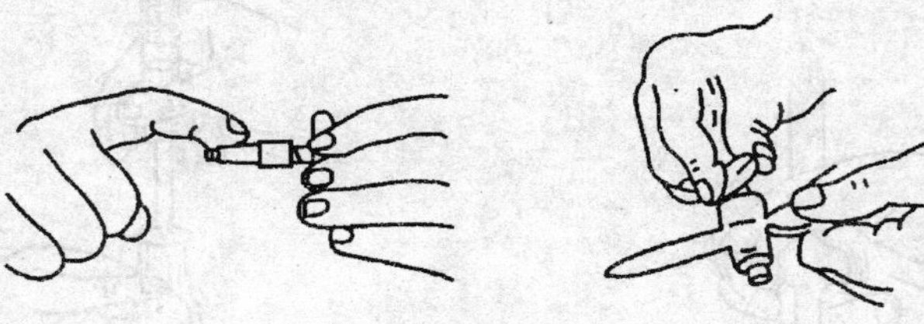
(a)　　(b)

图 2-12　滴定管活塞涂油的方法

(3)洗涤。滴定管在使用前先用自来水洗，然后用少量蒸馏水在管内转动淋洗 2～3 次。洗净的滴定管内壁应不挂水珠。如挂水珠则说明有油污，需要用洗涤剂刷洗，或用洗液洗涤。用洗液洗涤酸管时，关闭旋塞，加入洗液，两手分别拿住管上下部无刻度的地方，边转动边使管口倾斜，让洗液布满全管内壁，然后竖起滴定管，打开旋塞，使洗液从下端尖嘴流回原洗液瓶中。停一段时间后，用自来水洗至流出液无色，再用少量蒸馏水润洗 2～3 次。润洗时应将滴定管倾斜转动，使水润湿整个内壁，然后直立，将蒸馏水从管尖放出。润洗后管内壁应不挂水珠。

(4)润洗、装液、排气泡。为了避免管中的水稀释标准溶液，应用少量标准溶液(约 10 mL)润洗滴定管 2～3 次。润洗的操作要求是：先关好旋塞，倒入溶液，两手平端滴定管，即右手拿住滴定管上端无刻度部位，左手拿住旋塞无刻度部位，边转边向管口倾斜，使溶液流遍全管，然后打开滴定管的旋塞，使标准溶液由下端流出。润洗之后，随即装入溶液。向滴定管装入标准溶液时，宜由储液瓶直接倒入，不宜借助其他器皿，以免标准溶液浓度改变而引起误差。装满溶液的滴定管，应检查其尖端部分有无气泡，如有气泡必须排除。酸式滴定管可迅速地旋转活塞，使溶液快速流出，将气泡带走。若该法不能将气泡排出，应将酸式滴定管倾斜一定角度，打开旋塞，并用手指轻轻敲击旋塞处，至气泡排出为止。

(5)滴定。滴定操作常在锥形瓶中进行，也可在烧杯中进行(需要用玻璃棒搅拌)。滴定时所用操作溶液的体积应不超过滴定管的容量，因为多装一次溶液就要多读一次读数，从而使误差增大。

使用酸式滴定管滴定时，一般用左手控制活塞，将滴定管卡于左手虎口处，用拇指与食指、中指转动活塞，如图2-13所示。旋转活塞时要轻轻向手心用力，以免活塞松动而漏液。在滴定时，滴定管嘴伸入瓶口约1 cm，如图2-14所示。边滴边摇动锥形瓶(利用手腕的转动，使锥形瓶按顺时针方向运动)，滴定的速度也不能太快，一般不快于每秒3～4滴，否则易超过终点。滴定过程中，要注意观察液滴落点周围溶液颜色的变化，以便控制溶液的滴速。一般在滴定开始时，可以采用滴速较快的连续式滴加(溶液不能成线流下)。接近终点时，则应逐滴滴入，每滴一滴都要将溶液摇匀，并注意观察终点颜色的突变。由于滴定过程中溶液因锥形瓶旋转搅动会附到锥形瓶内壁的上部，故在接近终点时，要用洗瓶吹出少量蒸馏水冲洗锥形瓶内壁，然后再继续滴定。在快到终点时溶液应逐滴(甚至半滴)滴下。滴加半滴的方法是使液滴悬挂在管尖而不让液滴自由滴下，再用锥形瓶内壁将液滴擦下，然后用洗瓶吹入少量水，将内壁附着的溶液冲下去，摇匀。如此重复，直至终点为止。

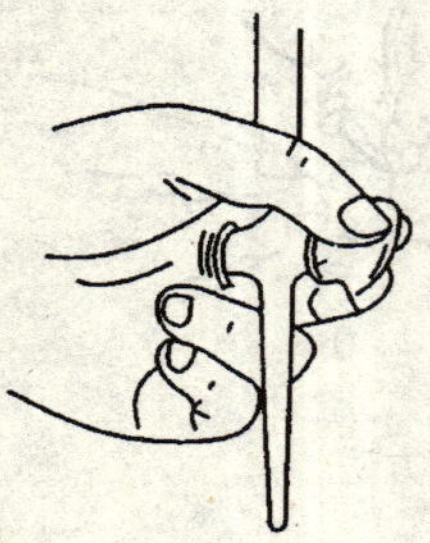

图2-13　旋转活塞的方法

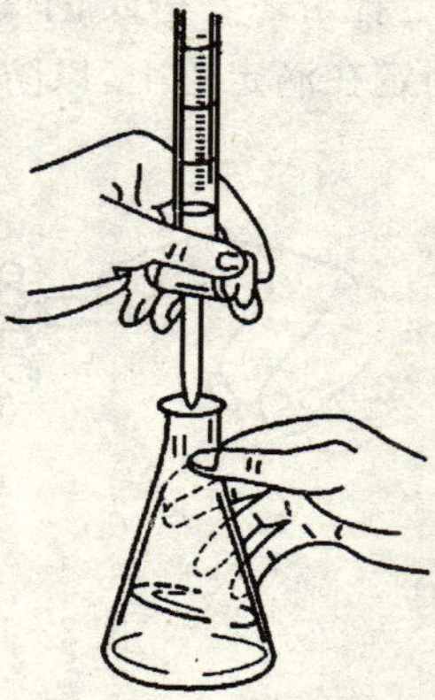

图2-14　酸式滴定管的操作

(6)读数。准确读出滴定管液面的位置，必须掌握两点：一是读数时滴定管要保持垂直。通常可将滴定管从滴定管夹取下，用右手拇指和食指拿住管身上部无刻度的地方，让其自然下垂时读数；二是读数时，眼睛的视线应与液面处于同一水平线，然后读取与弯月面相切的刻度，如图2-15(a)所示。读数时对无色或浅色溶液应读出滴定管内液面弯月面最低处的位置，对深色溶液(如高锰酸钾溶液、碘液)，由于弯月面不清晰，可读取液面最高点的位置。读数应估计到小数点后面第二位数。为帮助读数，可使用读数衬卡，它由贴有黑纸条或涂有黑色长方形(约3 cm×1.5 cm)的白纸制成。读数时，手持读数衬卡，将其放在滴定管背后，使黑色部分在弯月面下约1 mm处，此时弯月面反射成黑色，读此黑色弯月面的最低点即可，如图2-15(b)所示。此外还应注意，读数时要待液面稳定不再变化后再读(装液或放液后，必须静置30 s后再读数)；同时滴定管尖嘴处不应留有液滴，尖管内不应留有气泡。

(7)滴定管的处理。滴定结束后，将管内剩余滴定液倒入废液桶或回收瓶(注意，不能倒回原试剂瓶)，然后用水洗净滴定管。如还须继续使用，则可将滴定管垂直夹在滴定管夹上，下嘴口伸入锥形瓶内，并用滴定管帽盖住管口，或将滴定管倒置后夹于滴定台上。如滴定完后不再使用，则洗净后应在酸管旋塞与塞槽之间夹一纸片，然后保存备用。

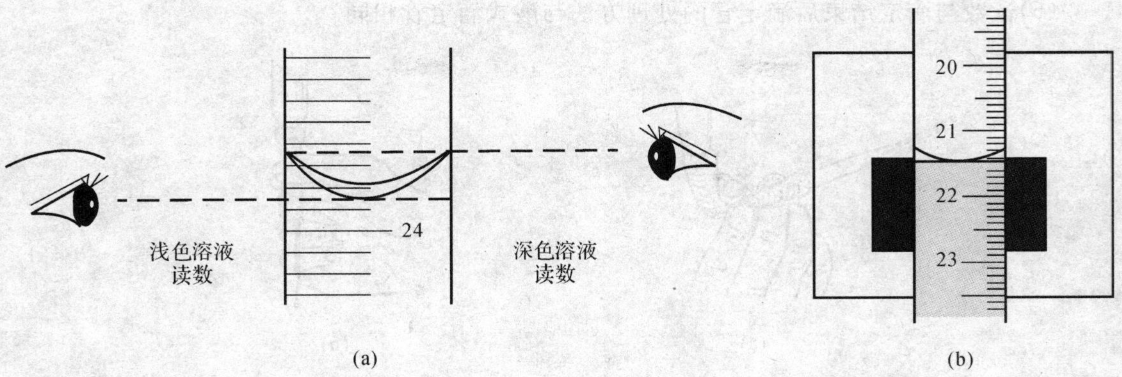

图 2－15　滴定管的读数

2. 酸式滴定管的使用步骤

(1)检查酸管的活塞是否转动灵活；

(2)检查旋塞是否漏水；

(3)洗涤酸管；

(4)润洗、装标准溶液和排气泡；

(5)调节液面在“0.00”刻度线以下并读取初始读数；

(6)滴定；

(7)读取终点读数；

(8)后处理。

3. 碱式滴定管的操作要求

(1)检漏。碱式滴定管下端的乳胶管很容易老化，因此，在使用时也要检查其是否漏溶液。检查碱管是否漏液是将管内充满水，将滴定管夹在滴定管夹上，观察乳胶管和下边尖嘴是否有水渗出，若无漏水现象即可使用，若漏溶液，则需要更换乳胶管。乳胶管的长度一般为 6 cm，内径与玻璃珠的大小要适中，内径太大，容易漏溶液；内径太小，控制滴定操作比较困难。装玻璃珠时应先用水将其润湿，再挤压进乳胶管中部。然后在乳胶管的一端装上尖嘴，另一端套在碱管的下口部，并检查滴定管是否漏水，液滴是否能灵活控制。如不合要求，须重新装配。

(2)洗涤。碱式滴定管的洗涤方法和酸管一样，如洗涤后内壁挂水珠则说明有油污，应用洗涤剂刷洗，或用洗液洗涤。用洗涤液洗碱管时，先取下下端的乳胶管和尖嘴玻管，接上一小段塞有玻棒的橡胶管，然后按洗酸管的方法洗涤。

(3)润洗、装液、排气泡。碱式滴定管润洗和装液的要求与酸管一样。装满溶液的碱式滴定管，应检查其乳胶管及尖端部分有无气泡，如有气泡必须排除。排气泡时可将乳胶管稍向上弯曲，挤压玻璃球，使溶液从玻璃球和橡皮管之间的隙缝中流出，气泡即被逐出，如图 2－16(a)所示。然后将多余的溶液滴出，使管内液面处在“0.00”刻度线(或 0.00 刻度线稍下)处。

(4)滴定操作。使用碱式滴定管时左手拇指在前，食指在后，捏住乳胶管中的玻璃球所在部位稍上处，向手心捏挤乳胶管，使其与玻璃球之间形成一条缝隙，溶液即可流出，如图 2－16(b)所示。应注意，不能捏挤玻璃球下方的乳胶管，否则易进入空气形成气泡。为防止乳胶管来回摆动，可用中指和无名指夹住尖嘴的上部。滴定操作及速度的控制与酸式滴定管的要求相同。

(5)读数与滴定结束后滴定管的处理方法与酸式滴定管相同。

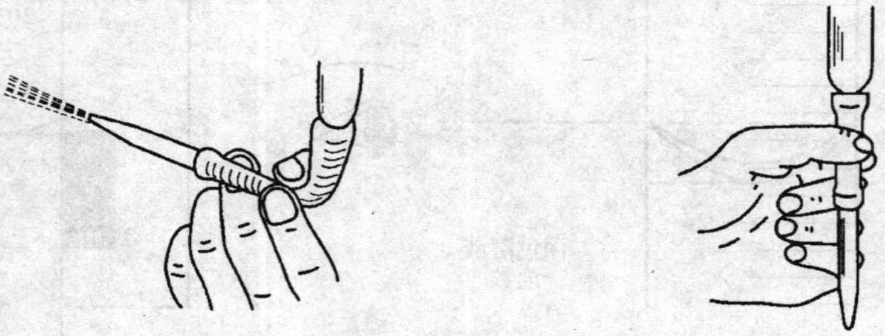

(a)　　　　(b)

图 2-16　碱式滴定管的使用方法

4. 碱式滴定管的使用步骤

检查碱管的玻璃珠是否能灵活控制液滴,以及碱管是否漏水。其余步骤与酸式滴定管的使用相同。

2.5.3　移液管

移液管用来准确地量取一定体积的溶液。它是中间有一膨大部分(称为球部)的玻璃管,管颈上部刻有一标线,该标线是按放出的体积来刻度的。常见的有5 mL,10 mL,25 mL,50 mL等规格。另一种移液管带有刻度,叫做吸量管,可量取吸量管以内的试液体积。移液管的使用过程分为吸液和放液两个步骤(见图2-17)。

移液管的吸液步骤:

(1)拇指及中指握住移液管标线以上部位;

(2)将移液管下端适当伸入液面,太深或太浅会使外壁沾上过多的试液或易吸空;

(3)将吸耳球对准移液管上端,吸入试液至标线以上约 2 cm,迅速用食指代替吸耳球堵住管口;

(4)取出移液管并靠在盛液容器内壁,然后缓慢转动移液管,使标线以上的试液流至标线处;

(5)将移液管迅速放入接收容器中。

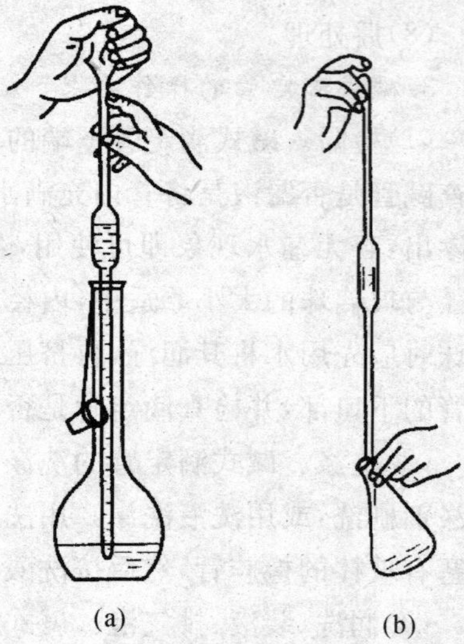

(a)　　　　(b)

图 2-17　移液管的使用

(a)吸取液体;　(b)放出液体

移液管的放液步骤:

(1)使接收容器倾斜而移液管直立;

(2)出口尖端接触容器器壁;

(3)松开食指,使试液自由流出;

(4)待管内液体不再流出后,稍停片刻(约十几秒钟)再把移液管拿开。此时遗留在管内的液滴不必吹出,因移液管的容量只计算自由流出液体的体积,刻制标线时已把留在管内的液滴考虑在内了。只有在使用管壁上刻有“吹”字样的移液管时,须将管中的试液全部放净。

移液管在使用前的洗涤方法与滴定管相仿,除分别用洗涤液、水及去离子水洗涤外,还须用少量被移取的液体洗涤。可先慢慢地吸入少量洗涤的水或液体至移液管中,用食指按住管口，然后将移液管平持，松开食指，转动移液管，使洗涤的水或液体与管口以下的内壁充分接触，再将移液管持直，让洗涤水或液体流出，如此反复洗涤数次。

2.5.4 容量瓶

容量瓶是一个细颈梨形的平底瓶，带有磨口塞。颈上有标线表明在所指温度下(一般为20℃)，当液体充满到标线时，瓶内液体体积恰好与瓶上所注明的体积相等。容量瓶是为配制准确浓度的溶液用的，一般与移液管配合使用。通常有25 mL，50 mL，100 mL，250 mL，500 mL，1 000 mL等数种规格。

在使用容量瓶之前，要先进行以下两项检查：

(1)容量瓶容积与所要求的是否一致。

(2)检查瓶塞是否严密，不漏水。在瓶中放水到标线附近，塞紧瓶塞，使其倒立2 min，用干滤纸片沿瓶口缝处检查，看有无水珠渗出。如果不漏，再把塞子旋转180°，塞紧、倒置，实验这个方向有无渗漏。这样做两次检查是必要的，因为有时瓶塞与瓶口，不是在任何位置都是密合的。合用的瓶塞必须妥为保护，最好用绳把它系在瓶颈上，以防跌碎或与其他容量瓶搞混。

用容量瓶配制标准溶液时，先将精确称重的试样放在小烧杯中，加入少量溶剂，搅拌使其溶解(若难溶，可盖上表面皿，稍加热，但必须放冷后才能转移)。沿搅拌棒将溶液定量地移入洗净的容量瓶中(见图2－18)，然后用洗瓶吹洗烧杯壁5～6次，按同法转入容量瓶中。当溶液加到瓶中2/3处以后，将容量瓶水平方向摇转几周(勿倒转)，使溶液大体混匀。然后，把容量瓶平放在桌子上，慢慢加水到距标线1 cm左右，等待1～2 min，使黏附在瓶颈内壁的溶液流下，用滴管伸入瓶颈接近液面处，眼睛平视标线，加水至弯月面下部与标线相切。立即盖好瓶塞，用一只手的食指按住瓶塞，另一只手的手指托住瓶底(见图2－19)，注意不要用手掌握住瓶身，以免体温使液体膨胀，影响容积的准确(对于容积小于100 mL的容量瓶，不必托住瓶底)。随后将容量瓶倒转，使气泡上升到顶，此时可将瓶振荡数次。再倒转过来，仍使气泡上升到顶。如此反复10次以上，才能混合均匀。

容量瓶不能加热，也不能久储溶液，尤其是碱性溶液会侵蚀瓶壁，并使瓶塞黏住，无法打开。

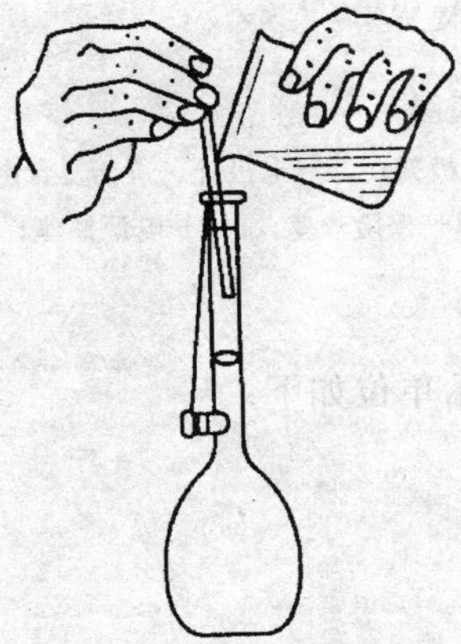

图2－18 容量瓶定量转移操作

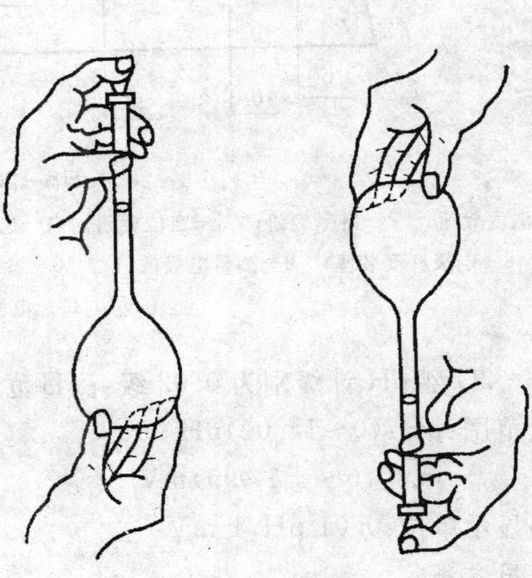

图2－19 容量瓶的拿法

2.6 常用仪器使用方法介绍

2.6.1 pH 计

1. 基本原理和结构

pH 计是用来测定溶液 pH 值和电极电位（mV 值）最常用的仪器之一，其优点是使用方便、测量迅速，主要由参比电极、指示电极和测量系统三部分组成。参比电极常用的是饱和甘汞电极，指示电极则通常是一支对 H^+ 具有特殊选择性的玻璃电极。组成的电池可表示如下：

玻璃电极|待测溶液||饱和甘汞电极

鉴于由玻璃电极组成的电池内阻很高，在常温时达几百兆欧，因此不能用普通的电位差计来测量电池的电动势。

酸度计的种类很多，现以 pHS－2C 型 pH 计为例说明它的使用。该机采用 3 位半十进制 LED 数字显示，仪器结构如图 2－20 所示。

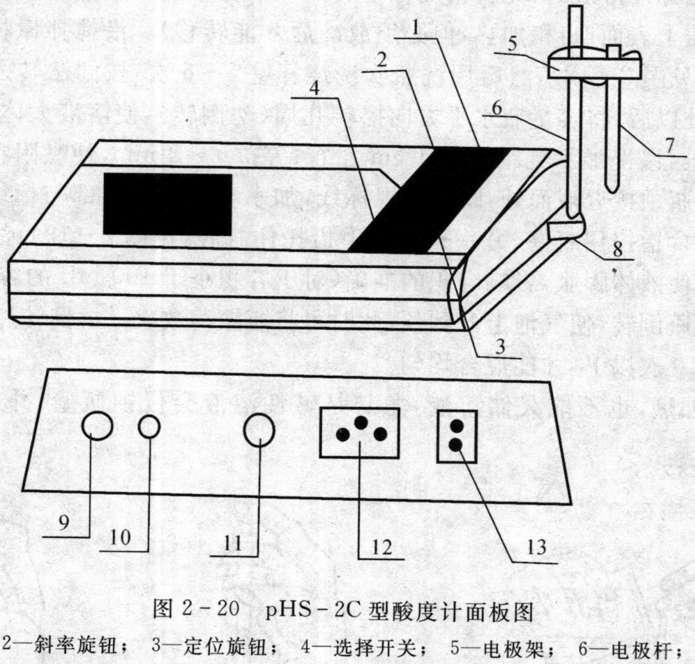

图 2－20　pHS－2C 型酸度计面板图

1—温度旋钮；2—斜率旋钮；3—定位旋钮；4—选择开关；5—电极架；6—电极杆；7—复合电极；8—电极杆安装座；9—测量电极插口；10—参比电极接口；11—保险丝座；12—电源插座；13—电源开关

pHS－2C 型 pH 计级别为 0.02 级，测量范围及最小显示单位如下：

测量范围：pH：(0～14.00)pH

mV：(0～±1 999)mV

最小显示单位：0.01 pH，1 mV

2. 使用方法

(1)开机前的准备。

1)将电极杆旋入电极座内,并将电极夹安装在电极杆上;

2)将 E201C 复合电极安装在电极夹上,并将电极插头插在电极插座上;

3)将 pH 复合电极下端的电极保护套拔下,并且拉下电极上端的橡皮套使其露出上端小孔;

4)用蒸馏水清洗电极;

5)打开电源。

(2)仪器的标定。

1)将"选择"钮拨至 pH 挡,"斜率"旋钮顺时针旋到底,"温度"旋钮旋至溶液的温度值;

2)将用蒸馏水清洗过的电极插入 pH=6.86(25℃时的值)的标准缓冲溶液中,待读数稳定后调节"定位"旋钮至该溶液在当时温度下的 pH 值;

3)将用蒸馏水清洗过的电极插入 pH=4.00 或 pH=9.18 的标准缓冲溶液中(根据被测溶液的酸碱性确定),待读数稳定后调节"斜率"旋钮至该溶液在当时温度下的 pH 值;

4)重复步骤 2)和 3)直至不需要调节两个旋钮为止,标定结束(一般情况下,在 24 h 内仪器不须再标定);

5)用蒸馏水清洗电极后即可对被测溶液进行测量。

(3)测量 pH 值。经标定过的仪器,即可用来测量被测溶液,被测溶液与标定溶液温度是否相同,所引起的测量步骤也有所不同。

1)被测溶液与定位溶液温度相同时,先用蒸馏水清洗电极头部,再用被测溶液清洗一次,然后将电极浸入被测溶液中,用玻璃棒搅拌溶液,使溶液均匀,在显示屏上读出溶液的 pH 值。

2)被测溶液和定位溶液温度不同时,在分别用蒸馏水及被测溶液清洗电极头部之后,须用温度计测出被测溶液的温度值,然后将"温度"旋钮调节至被测溶液的温度值,再将电极插入被测溶液内,用玻璃棒搅拌溶液,使溶液均匀后读出该溶液的 pH 值。

(4)测量电极电位(mV 值)。

1)将离子选择电极(或金属电极)和参比电极夹在电极架上;

2)用蒸馏水清洗电极头部,再用被测溶液清洗一次;

3)将离子电极的插头插入测量电极插座处;

4)将参比电极接入仪器后部的参比电极接口处;

5)将两种电极插在被测溶液内,将溶液搅拌均匀后,即可在显示屏上读出该离子选择电极的电极电位(mv 值),还可自动显示正负极性。

注意:参比电极接口为正极,测量电极插口为负极。

3.电极使用维护的注意事项

(1)电极在测量前必须用已知 pH 值的标准缓冲溶液进行定位校准,其 pH 值愈接近被测 pH 值愈好。

(2)取下电极护套后,应避免电极的敏感玻璃泡与硬物接触,因为任何破损或擦毛都将使电极失效。

(3)测量结束,及时将电极保护套套上,电极套内应放少量参比补充液,以保持电极球泡的湿润,切忌浸泡在蒸馏水中。

(4)复合电极的外参比补充液为 3 $mol \cdot L^{-1}$ 氯化钾溶液,补充液可以从电极上端小孔加入,复合电极不使用时,拉上橡皮套,防止补充液干涸。

(5)电极的引出端必须保持清洁干燥,绝对防止输出两端短路,否则将造成测量失准或失效。

(6)电极应与输入阻抗较高的 pH 计($\geqslant 10^{12}\,\Omega$)配套,以使其保持良好的特性。

(7)电极应避免长期浸在蒸馏水、蛋白质溶液和酸性氟化物溶液中。

(8)电极避免与有机硅油接触。

(9)电极经长期使用后,如发现斜率略有降低,则可将电极下端浸泡在 4%HF 中 3~5 s,用蒸馏水洗净,然后在 0.1 $mol\cdot L^{-1}$ 盐酸溶液中浸泡,使之复新。

(10)被测溶液中如含有易污染敏感球泡或堵塞液接界的物质而使电极钝化,会出现斜率降低,显示读数不准现象。如发生该现象,则应根据污染物质的性质,用适当溶液清洗,使电极复新。

注意:(1)选用清洗剂时,不能用四氯化碳、三氯乙烯、四氢呋喃等能溶解聚碳酸树脂的清洗液,因为电极外壳是用聚碳酸树脂制成的,其溶解后极易污染敏感玻璃球泡,从而使电极失效;也不能用复合电极去测上述溶液。

(2)使用 pH 复合电极,最容易出现的问题是外参比电极的液接界处,该处的堵塞是产生误差的主要原因。

4.缓冲溶液的配制方法

(1)pH 4.00 溶液:用 GR 邻苯二甲酸氢钾 10.12 g 溶解于 1 000 mL 的高纯去离子水中。

(2)pH 6.86 溶液:用 GR 磷酸二氢钾 3.388 g、GR 磷酸氢二钠 3.533 g,溶解于 1 000 mL 的高纯去离子水中。

(3)pH 9.18 溶液:用 GR 硼砂 3.80 g 溶解于 1 000 mL 的高纯去离子水中。

注意:配制(2)(3)溶液所用的水,应预先煮沸 15~30 min,除去溶解的二氧化碳。在冷却过程中应避免与空气接触,以防止二氧化碳的污染。

2.6.2 紫外-可见分光光度计

紫外-可见分光光度计可供物理学、化学、医学、生物学、药物学、地质学等学科进行科学研究,是广泛应用于化工、药品、生化、冶金、轻工、食品、材料、环保、医学化验等行业及分析行业中最重要的质量控制仪器之一,经过不断地改进,常规实验室使用的主要是 72 系列和 75 系列,其工作原理基本相同。

1.基本原理及结构

分光光度法分析的原理是利用物质对不同波长的光呈现选择性吸收现象来进行物质的定性和定量分析。该仪器根据相对测量原理先设定参比样品(溶剂、蒸馏水、空气等)的透射比为 100%,再测量待测样品的透射比,从而达到分析的目的。测得的透射比与待测样品的浓度之间关系,在一定范围内符合朗伯-比耳定律。

$$A=\varepsilon cl=-\lg I/I_0$$

$$T=I/I_0$$

式中 T——透射比(透过率);

A——吸光度;

c——溶液的浓度;

ε——溶液的吸收系数;

l——溶液的光程长度;

I——透射比强度；

I_0——入射光强度。

由以上公式可以看出，当入射光、吸收系数和溶液的光径长度不变时，透过光是根据溶液的浓度而变化的。

仪器采用光栅型单光束结构光路，光学系统原理如图 2-21 所示，由卤钨灯或氘灯发出的连续辐射经聚光镜聚光后投向单色器入射狭缝，此狭缝正好处于聚光镜及单色器内准直镜的焦平面上，因此，进入单色器的复合光通过平面反射镜及准直镜变成平行光射向色散元件光栅，光栅将入射的复合光通过衍射作用形成按照一定顺序均匀排列的连续单色光谱，此单色光谱重新回到准直镜上。由于仪器出射狭缝设置在准直镜的焦平面上，这样，从光栅色散出来的单色光谱经准直镜聚光后成像在出射狭缝上，出射狭缝选出指定带宽的单色光通过聚光镜落在样品室被测样品中心，样品吸收后透射的光射向光电池接收面。

722 型分光光度计仪器正面结构及控制面板分别如图 2-22、图 2-23 所示。

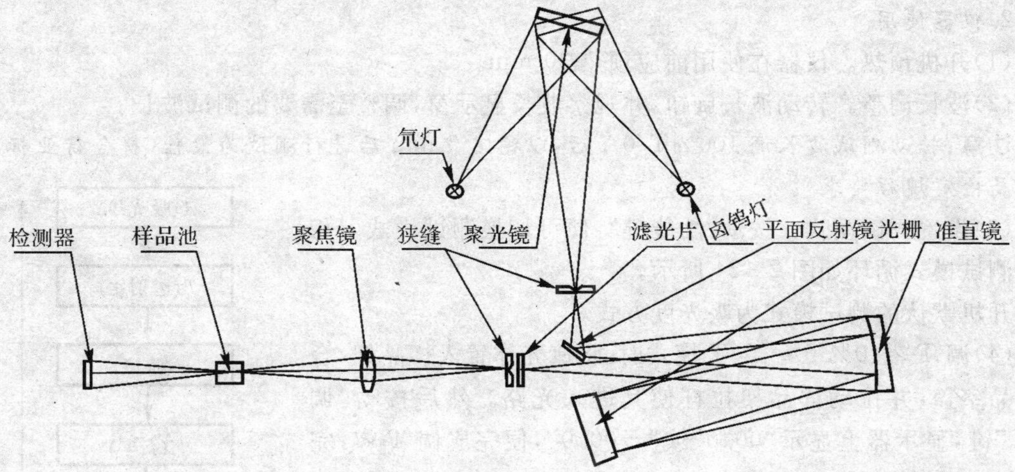

图 2-21　光学系统原理图

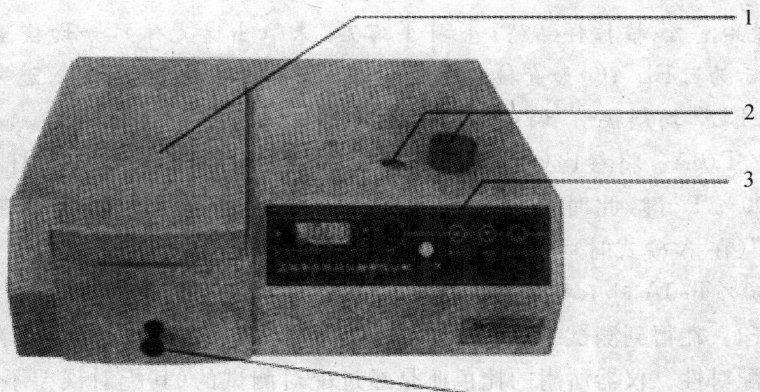

图 2-22　仪器正视图

1—样品室；　2—波长调节旋钮及波长显示窗；　3—控制面板；　4—样品架拉杆

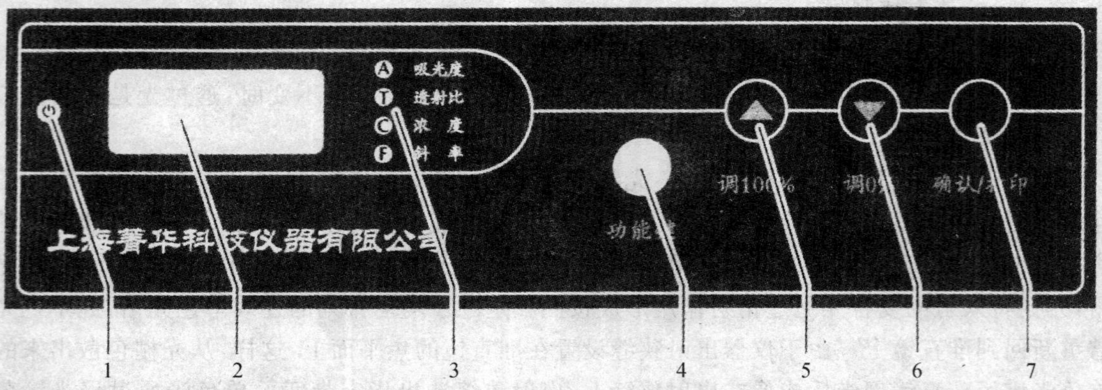

图 2-23　仪器控制面板图

1—电源指示； 2—数据显示； 3—模式显示； 4—功能键； 5—调 100%键； 6—调 0%键； 7—确认/打印键

2. 仪器使用

(1)开机预热。仪器在使用前应预热 30 min。

(2)波长调整。转动波长旋钮，并观察波长显示窗，调整至需要的测试波长。

注意：转动测试波长调 100%T/0A 后，以稳定 5 min 后进行测试为最佳(符合行业标准及质监局检定规程要求)。

(3)设置测试模式。按动“功能键”，便可切换测试模式。相应的测试模式循环如图 2-24 所示。

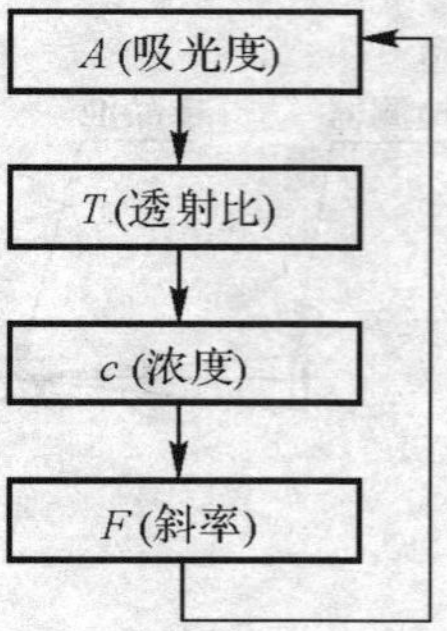

图 2-24　测试模式循环

开机默认的测试模式为吸光度方式。

(4)调 T 零(0%T)。在 T 模式时，将遮光体置入样品架，合上样品室盖，并拉动样品架拉杆使其进入光路。然后按动“调 0%T”键，显示器上显示“00.0”或“-00.0”，便完成调 T 零，完成后取出遮光体。

注意：①测试模式应在透射比(T)模式；②如果未置入遮光体合上样品室盖，并使其进入光路便无法完成调 T 零；③调 T 零时不要打开样品室盖、推拉样品架；④调 T 零后(未取出遮光体)，如切换至吸光度测试模式，显示器上显示为“.EL”；⑤如直接在吸光度(A)模式调 T 零，则在置入遮光体后不管显示器上是否显示“.EL”，均须按动“调 0%T”键。

(5)调 100%T/0A。将参比(空白)样品置入样品架，并推拉样品架拉杆使其进入光路。然后按动“调 100%T”键，此时屏幕显示“BL”延时数秒便显示“100.0”(在 T 模式时)或“-.000”“.000”(在 A 模式时)，即自动完成调 100%T/0A。

注意：调 100%T/0A 时不要打开样品室盖、推拉样品架。

(6)结果打印。在得到测试结果后按动“打印”键便可打印结果(须外接标准串行打印机)。

(7)比色皿配对性。仪器所附的比色皿是经过配对测试的(其配对误差不大于 0.5%T)，未经配对处理的比色皿将影响样品的测试精度。石英比色皿一套两只，供紫外光谱区和可见光谱区使用，玻璃比色皿一套四只，供可见光谱区使用。比色皿是有方向性的，置入样品架时，两只石英比色皿上标记 Q 或箭头、四只玻璃比色皿上标记 G 方向要一致。

石英比色皿和玻璃比色皿不能混用，更不能和其他不经配对的比色皿混用。手持比色皿应握比色皿的磨砂表面，不应该接触比色皿的透光面，待测溶液中不能有气泡、悬浮物，否则也将影响样品的测试精度。比色皿在使用完毕后应立即清洗干净。

注意：玻璃比色皿使用的波长范围为 320～1 100 nm，石英比色皿使用的波长范围为 200～1 100 nm。

以下是四种不同测试方式的具体操作步骤：

(1)吸光度测试。

1)调整测试波长；

2)按动“功能键”，切换至透射比测试模式；

3)置入遮光体，合上样品室盖，并使其进入光路，按动“调 0%T”键调 T 零，此时仪器显示“00.0”或“－00.0”，完成后取出遮光体；

4)按动“功能键”，切换至吸光度测试模式；

5)置入参比(空白)样品，按动“调 100%T”键，此时仪器显示“BL”，延时数秒后显示“－.000”或“.000”；

6)置入待测样品，读取测试数据。

(2)透射比测试。

1)调整测试波长；

2)按动“功能键”，切换至透射比测试模式；

3)置入遮光体，合上样品室盖，并使其进入光路，按动“调 100%T”键调 T 零，此时仪器显示“00.0”或“－00.0”，完成后取出遮光体；

4)置入参比(空白)样品，按动“调 100%T”键，此时仪器显示“BL”，延时数秒后显示“100.0”；

5)置入待测样品，读取测试数据。

(3)浓度方式测试。

1)调整测试波长；

2)按动“功能键”，切换到透射比测试模式；

3)置入遮光体，合上样品室盖，并使其进入光路，按动“调 100%T”键调 T 零，此时仪器显示“00.0”或“－00.0”，完成后取出遮光体；

4)置入参比(空白)样品，按动“调 100%T”键，此时仪器显示“BL”，延时数秒后显示“100.0”；

5)置入标准浓度样品并使其进入光路；

6)按动“功能键”切换到浓度测试模式；

7)按动参数设置键(“▲”或“▼”)，设置标准样品浓度，并按动“确认”键；

8)置入待测样品，读取测试数据。

(4)斜率方式测试。

1)调整测试波长；

2)按动“功能键”，切换至透射比测试模式；

3)置入遮光体，合上样品室盖，并使其进入光路，按动“调 0%T”键调 T 零，此时仪器显示“00.0”或“－00.0”，完成后取出遮光体；

4)置入参比(空白)样品,按动“调 100%T”键,此时仪器显示“BL”,延时数秒后显示“100.0”;

5)按动“功能键”切换至斜率测试模式;

6)按动参数设置键(“▲”或“▼”),设置样品斜率;

7)置入待测样品,并按动“确认”键(此时测试模式自动切换至浓度方式)读取测试数据。

注意:浓度显示范围为 0~1 999,即输入标样的 K 值应控制在 0~1 999 范围之内。

3. 注意事项

(1)每次使用后应检查样品室内是否积存有溢出溶液,经常擦拭样品室,以防废液对部件或光学元件的腐蚀。盛有测试溶液的比色皿不宜在样品室内久置。

(2)要注意保护比色皿的光学窗(透光面)。除不能擦伤外,还要防止光学窗被污染,使用完毕后要及时清洗,不能使残存的样品或洗涤液吸附在光学窗上,以保持其良好的配对性。

(3)仪器在出厂前已调试到最佳状态,用户不能在非故障状态下擅自调整,更不能擅自打开机壳拆卸其中的零件(更换光源灯除外),尤其是在拆卸单色器、不能碰伤或擦拭光学元件镜面。

(4)仪器使用若超过两个小时,应切断电源,待仪器休息半小时后再开机使用。

(5)不进行测量时,比色皿暗盒盖一定要打开,以保护和延长光电管寿命。

2.6.3 电导率仪

1. 仪器结构

DDS-11A 型(数显)实验室电导率仪外部结构如图 2-25 所示。

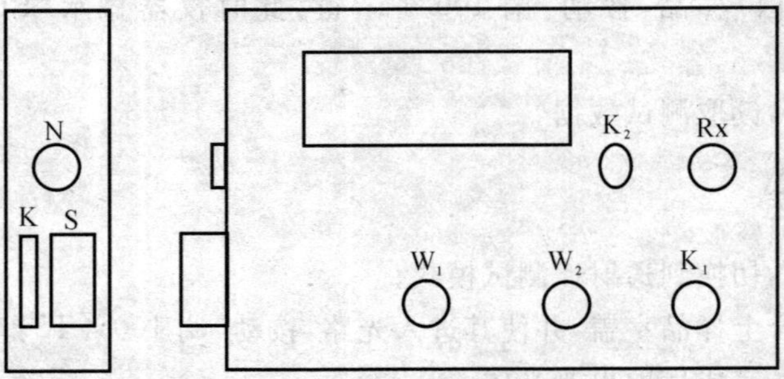

图 2-25 DDS-11A 型电导率仪外部结构

N—保险丝; S—三芯电源插座; K—电源开关; W_1—温度旋钮; W_2—校正/常数旋钮; K_1—量程波段开关; K_2—校正/测量开关; R_X—电极插座

2. 使用方法

(1)将电极插头插入电导池插座内,接通电源。

(2)将温度旋钮调节至基准温度 25℃(每一次校正都须将温度旋钮调节至基准温度 25℃),将“校正/测量”开关拨到“校正”位置,调节“校正/常数”旋钮至电极常数值。例如:电极常数值为 1.10 则将显示值调节至 1.100;电极常数值为 0.98 则将显示值调节至 0.980。然后将“校正/测量”开关拨到“测量”位置,仪器校正结束。

(3)将电极放入被测溶液内,将“温度”旋钮调节至溶液温度,仪器读数值×“量程”即是溶液电导率值。当溶液电导率值超过该档量程时,仪器将溢出此时须拨动“量程”开关。

(4)当“量程”开关由低挡切换至高挡或从高挡切换到低挡时仪器须重新校正，校正方法同步骤(2)。

(5)如果溶液的温度超过仪器的温度补偿范围，则可将“温度”旋钮放在 25℃基准，此时的测量结果为溶液在当时温度下的电导率值，而没有进行温度补偿。

(6)如果溶液的电导率值超过 19 990 $\mu S \cdot cm^{-1}$，此时须换成常数为 10 的电极，操作方法同上，只要将测量结果×10 即可。

(7)测量时使用的频率为固定式，一旦量程固定了，工作频率也就随之固定，×1，×10 为低挡，$\times 10^2$，$\times 10^3$，$\times 10^4$ 为高挡。

3. 注意事项

(1)在测量高纯水时应避免污染，最好采用密封、流动的测量方法。

(2)因温度补偿是采用固定的 2%的温度系数补偿的，故对纯水测量尽量采用不补偿方式进行测量后查表。

(3)电极的引线不能受潮，否则将影响测量的正确性。

第3章　基础性实验

实验一　摩尔气体常数的测定

【实验目的】

(1)学会一种测定气体常数的方法及其操作；

(2)理解理想气体状态方程式和分压定律的应用；

(3)学习称量、量气等基本操作技术；

(4)了解 Zn－Al 合金组成的测定方法。

【实验原理】

理想气体是指在任何温度和压力下，分子本身不具有体积且分子间无相互作用力的气体。对于一般气体，在高温低压下可以近似认为是理想气体，运用理想气体的状态方程进行相关运算。

理想气体状态方程为

$$pV = nRT \quad (3-1)$$

只要测出一定温度下气体的压力、体积和物质的量，摩尔气体常数 R 的值就可以计算出来。

本实验通过金属镁置换出的硫酸中的氢来测定气体常数 R 的数值。其反应方程式为

$$Mg + 2H_2SO_4 \xlongequal{} MgSO_4 + H_2\uparrow$$

取已知准确质量的镁与过量盐酸反应，在一定温度和压力下，测出反应放出氢气的体积。氢气物质的量 n 可以通过反应中镁的质量来求得。由于氢是在水面上收集的，氢气中还混有水汽。在实验温度下水的饱和蒸气压，可在附表中查出。根据分压定律，氢的分压计算方法为

$$p(H_2) = p - p(H_2O) \quad (3-2)$$

实验时的温度 T 和压力 p 可以分别由温度计和气压计测得。将以上各项数据代入式(3－1)中，即可算出 R 值。也可通过铝或锌与盐酸反应来测定 R 值。

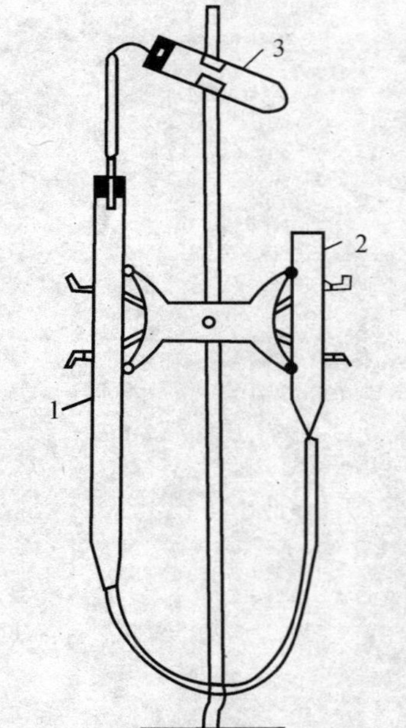

图 3－1　气体常数测定装置
1— 量气管；　2— 液面调节管；
3— 试管

【实验用品】

仪器：气体常数测定装置(见图 3－1)、电子天平。

试剂：H_2SO_4(3.0 mol·L^{-1})，HCl(6.0 mol·L^{-1})。

材料：镁条、锌铝合金、砂纸。

【实验内容】

1. 气体常数的测定

(1) 称量。准确称取两份已擦去表面氧化膜的镁条，每份质量为0.030～0.035 g左右(准确称至0.000 1 g)。

(2) 安装。按如图 3-1 所示装配好测定装置。量气管内装水至略低于刻度“0”的位置。上下移动漏斗，以赶尽附着在橡皮管和量气管内壁的气泡，然后把反应管和量气管用乳胶管连接。

(3) 检漏。把漏斗下移一段距离，并固定在一定位置上。如果量气管中的液面只在开始时稍有下降后约 3～5 min 即维持恒定，便说明装置不漏气。如果液面继续下降，则表明装置漏气，检查各接口处是否严密。经检查与调整后，再重复实验，直至确保不漏气为止。

(4) 测定。

1) 取下试管，如果需要的话，可以再调整一次漏斗的高度，使量气管内液面保持在略低于刻度“0”的位置。然后用一个漏斗将 6～8 mL 3 $mol \cdot L^{-1}$ H_2SO_4 注入试管中，切勿使酸沾在试管壁上。用一滴水将镁条沾在试管内壁上部，确保镁条不与酸接触。装好试管，塞紧磨口塞，再一次检查装置是否漏气。

2) 把漏斗移至量气管的右侧，使两者的液面保持同一水平，记下量气管中的液面位置。

3) 把试管底部略微抬高，以使镁条与 H_2SO_4 接触，这时由于反应产生的氢气进入量气管中，把管中的水压入漏斗内。为避免管内压力过大，在管内液面下降时，漏斗也相应地向下移动，使管内液面和漏斗液面大体上保持同一水平。

4) 镁条反应后，待试管冷至室温，使漏斗与量气管的液面处于同一水平，记录液面位置。稍等 1～2 min，再记录液面位置，如两次读数相等，表明管内气体温度已与室温一样。

记下室内的温度和大气压力。用另一份已称量的镁条重复实验。将实验数据填入表 3-1 中。

表 3-1　气体常数测定数据记录表

各项数据 \ 实验序号	Ⅰ	Ⅱ
镁条质量 /g		
反应前量气管液面读数 /mL		
反应后量气管液面读数 /mL		
氢气的体积 /mL		
室温 /K		
室温 T 时水的饱和蒸气压 /Pa		
大气压 /Pa		
H_2 分压 /Pa		
标态下氢气的体积 /mL		
摩尔气体常数 /($J \cdot mol^{-1} \cdot K^{-1}$)		
R 的平均值 /($J \cdot mol^{-1} \cdot K^{-1}$)		
相对误差 /(%)		

2. 锌铝合金组成的测定

(1) 准确称取 Al - Zn 合金片 0.015 ～ 0.025 g，操作方法同实验内容 1 所述。

(2) 将 H_2SO_4 改为 3 mL 6 mol·L^{-1} HCl，若开始反应太慢可微热之。

(3) 自己设计数据记录及结果处理的方法，计算 Al，Zn 的质量分数。

【注意事项】

Mg 易被氧化失去原有的银白色，称量前应打磨，以除去表面氧化膜。

【思考题】

(1) 考虑下列情况对实验结果有何影响？

1) 量气管没有洗净，排水后内壁上有水珠；

2) 镁条的称量不准确；

3) 镁条表面的氧化物没有除尽；

4) 镁条装入时碰到酸；

5) 读取液面位置时，量气管和漏斗中的液面不在同一水平面上；

6) 读数时，量气管的温度高于室温；

7) 反应过程中，由量气管压入漏斗的水过多而溢出；

8) 装置漏气。

(2) 检查实验装置是否漏气的原理是什么？

(3) 实验测得的气体常数应有几位有效数字？

实验二　溶解度的测定

【实验目的】

(1) 了解溶解度的概念；

(2) 掌握用析晶法测定易溶盐溶解度的方法；

(3) 利用所测定的实验数据，绘制溶解度-温度曲线。

【实验原理】

在一定的温度和压力下，一定量的饱和溶液中溶解的溶质的量称为该溶质的溶解度。一般情况下，固体的溶解度是用 1 000 g 溶剂中能溶解的溶质的最大质量(g) 表示。固体物质在水中会或多或少溶解，绝对不溶的物质是没有的。在室温下，如某物质在 1 000 g 水中能溶解 10 g 以上的为易溶物质；溶解度在 1 ～ 10 g 之间的为可溶物质；溶解度不到 0.01 g 为难溶物质。本实验测定的物质是易溶性盐，影响盐类在水中溶解度的主要外界因素是温度，盐类物质的溶解度一般是随温度升高而增加的，个别盐则反之。

测定易溶盐溶解度的方法有析晶法和溶质质量法。溶质质量法控制恒温比较困难，而且溶液转移时易损失，致使测定不准，因此，析晶法(其溶液为无色或浅色时较好) 应用较广。

在一定量的水中，溶入一定量盐使其为不饱和溶液。当使溶液缓缓降温并开始析出晶体

（溶液成为饱和状态）的同时测出溶液的温度，即可计算出在该温度下的 1 000 g 水中，溶解达饱和所需要盐的最大质量(g)，即是这种盐在该温度下的溶解度。

【实验用品】

仪器：温度计、大试管、小量筒、玻璃棒、台秤（精度为 0.1 g)、水浴锅。

试剂：硝酸钾（化学纯）。

【实验内容】

(1) 在台秤上称量硝酸钾 3.5 g，1.5 g，1.5 g，2.0 g，2.5 g 五份。

(2) 在大试管中先加入 10 mL 蒸馏水，再加入 3.5 g 硝酸钾，置于水浴锅中加热，边加热边搅拌至完全溶解。

(3) 自水浴锅中拿出试管，插入一支干净的温度计，用玻璃棒轻轻搅拌并摩擦管壁，同时观察温度计的读数，当开始有晶体析出时，立即读数并作记录。

(4) 把试管再放入水浴中加热使晶体全部溶解，然后重复步骤(3) 的操作，再测定开始析出晶体的温度，对比两次读数，再重复测一次。

(5) 向试管中再加 1.5 g 硝酸钾（试管中共有硝酸钾为 3.5 g＋1.5 g＝5.0 g)，然后重复步骤(3)、步骤(4) 的操作。

(6) 同样重复步骤(5) 的操作，依次测得加入 1.5 g，2.0 g，2.5 g（即试管中一共有硝酸钾依次为 6.5 g，8.5 g，11.0 g) 开始析出晶体的温度。该温度计不要洗涤，因为析晶需要晶种。

表 3－2　溶解度测定数据记录表

试管中依次加入硝酸钾的量 /g		3.5	1.5	1.5	2.0	2.5
试管中硝酸钾的总量 /g		3.5	5.0	6.5	8.5	11.0
开始析出晶体温度 /℃	t_1					
	t_2					
	平均					
溶解度 /(g/100 g 水)						

根据所得数据，以温度为横坐标，溶解度为纵坐标，绘制出溶解度曲线图，该曲线能够清楚地反映出溶解度和温度的密切关系。

【思考题】

(1) 当测定带结晶水的物质的溶解度时，溶解过程生成水或消耗水时又如何计算？

(2) 在用析晶法测定易溶盐的溶解度时，为什么一定要把握好刚刚析出晶体的时刻？为什么当析出的晶体含有结晶水时更是如此？

【附注】

(1) 当室温不够低时，可把试管浸入冷水中冷却降温。溶液在降温的过程中，用玻璃棒轻轻搅拌溶液并摩擦管壁，以便防止溶液出现过饱和。读取温度计数值时，须把握刚刚开始析出晶体的时刻，以免增大误差。

(2) 在生产实践和科研工作中，为了直观地了解溶解度与温度之间的关系，通常以列表法和绘制溶解度曲线法来实现目的。列表法虽然详细，但只能通过实验一一对应地进行，不够一目了然。溶解度曲线法通过几个实验数据作出溶解度曲线，并由作图法在此曲线上找出在该温度范围内的其他温度下的溶解度，因此能直观地指导生产实践和科研工作。下面是两种表示法的实例：由表 3－3 两组硝酸钾溶解度数据分别对应图 3－2(a) 和图 3－2(b)。

表 3－3　两组硝酸钾溶解度数据

温度 /℃	溶解度 /(g/100 g 水)		温度 /℃	溶解度 /(g/100 g 水)	
	第一组	第二组		第一组	第二组
0	12.5	11.7	50	45.5	44.0
10	17.0	17.3	60	51.5	52.0
20	24.5	24.0	70	57.5	58.0
25	27.5	27.2	80	62.5	62.8
30	31.2	31.4	90	67.0	66.9
40	38.0	39.0	100	71.0	71.1

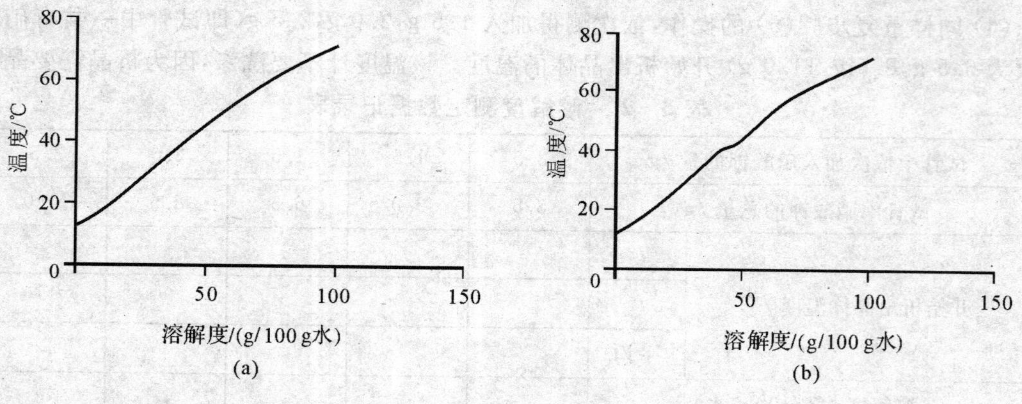

图 3－2　硝酸钾溶解度-温度曲线

(a) 与第一组数据对应；(b) 与第二组数据对应

实验三　化学反应焓变的测定

【实验目的】

(1) 掌握反应焓变测定的原理和方法；

(2) 熟练掌握减量法称量并练习配制标准溶液的操作；

(3) 学习外推作图法求反应前后溶液的温差。

【实验原理】

1. 化学反应焓变测定与计算

化学反应通常是在等压条件下进行的，此时的反应热叫做等压反应热。因等压反应热 Q_p 与焓变 $\Delta_r H^\ominus$ 在数值上相等，故等压反应热又常以焓变来表示，在热化学中规定，放热反应 $\Delta_r H^\ominus$ 为负值，吸热反应 $\Delta_r H^\ominus$ 为正值。

本实验是测定锌粉与硫酸铜溶液反应的焓变值。

锌与硫酸铜溶液的反应，是一个自发进行的反应，在 298.15 K 下，每摩尔反应的 $CuSO_4$ 与 Zn 放出 216.8 kJ 热量。

$$Zn + CuSO_4 = ZnSO_4 + Cu$$

$$\Delta_r H^\ominus = -216.8\ \mathrm{kJ \cdot mol^{-1}}$$

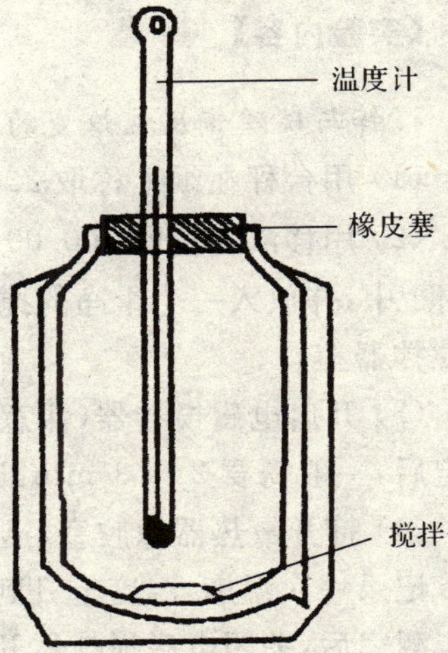

图 3－3　保温杯式量热计

放热反应焓变的测定方法很多，本实验是通过如图 3－3 所示的量热计来测定的。测定焓变的原理是根据能量守恒定律，即反应所放出的热量促使量热器本身和反应体系温度升高。因此，反应放出的热量可由下式计算，即

$$Q_p = \Delta T C V \rho + \Delta T C_p \qquad (3-3)$$

溶液得热　　量热器得热

如果反应生成铜的物质的量是 n mol 时，则反应焓变为

$$\Delta_r H^\ominus = \frac{-Q_p}{n} = -\Delta T \times \frac{1}{n} \times \frac{1}{1\,000} \times (CV\rho + C_p) \qquad (3-4)$$

式中　$\Delta_r H^\ominus$ —— 反应的焓变，$\mathrm{kJ \cdot mol^{-1}}$；

ΔT—— 反应前后溶液温度的变化，K；

C—— 溶液的比热容，近似用纯水在 298.15 K 时的比热容 $4.18\ \mathrm{J \cdot g^{-1} \cdot K^{-1}}$ 代替；

V—— 反应时所用 $CuSO_4$ 溶液的体积，mL；

ρ——$CuSO_4$ 溶液的密度，近似用水的密度代替；

n——V mL 溶液中生成铜的物质的量；

C_p—— 量热器等压热容，指量热器每升高一度所需的热量，$\mathrm{J \cdot K^{-1}}$。

假设量热器本身吸收的热量予以忽略，即 C_p 值为零，则上式变为

$$\Delta_r H^\ominus = -\Delta T C V \rho \times \frac{1}{n} \times \frac{1}{1\,000} \qquad (3-5)$$

根据式(3－5)，如果已知 $CuSO_4$ 溶液的体积和浓度，只要测出反应前后溶液温度的变化，就可以计算出反应的焓变。

2. 温度改变值的校正

量热时，不仅要精确地观测始末态的温度以求出 ΔT，还必须对影响量热的因素进行校正。由于反应后的温度需要有一定的时间才能升到最高数值，而实验所用的量热器又不是严格的绝热体系，在实验中，量热器不可避免地会与环境发生少量的热交换。再加上由于搅拌引入的搅拌热和 1/10 刻度温度计中水银柱的热惰性等，关系比较复杂，很难找到一个统一的热

交换校正公式，故采用作图法外推从一定程度上可以消除这些影响。

【实验用品】

仪器：保温杯、移液管、烧杯、电炉、温度计、台秤、搅拌器、秒表。

试剂：Zn 粉、$CuSO_4$（0.200 0 $mol \cdot L^{-1}$）。

【实验内容】

1. 锌与硫酸铜反应焓变的测定

（1）用台秤在纸上称取 2.5 g 锌粉。

（2）用移液管量取 100.00 mL 0.200 0 $mol \cdot L^{-1}$ $CuSO_4$，注入用自来水洗净的量热器（保温杯）中，并放入一个干净的搅拌子，盖好插有 1/10 刻度温度计的橡胶塞，将量热器放在电磁力搅拌器上。

（3）开启电磁搅拌器（注意：转速不能太快，以免打破温度计），观察温度变化，待溶液温度恒定后，一般需要 2 ～ 3 min，记录温度，该温度为反应的起始温度。

（4）打开量热器橡胶塞，迅速向溶液中加入 2.5 g 锌粉，塞好塞子，同时用秒表记时，每隔 30 s 记录一次温度，温度上升到最高点后，再测定五六个记时点。将数据记入表 3－4 中。

测完后，关闭电磁搅拌器开关，取下量热器的橡胶塞和温度计，小心放在实验台上，从量热器中取出搅拌子，然后将其中溶液和金属残渣倒入回收瓶中，用水洗净量热器和搅拌子，放回原处。

（5）用作图法求 ΔT。

1）将观测到的量热器温度对时间作图，连成 ADBO 曲线（见图 3－4），点 A 是未加锌粉时溶液的恒定温度读数点，点 B 是观测到的最高温度读数点，加锌粉后各点至最高点为一条曲线（AB），最高点后各点绘成一条直线（BO）。

2）AB 两点间垂直距离为反应前后温度变化值 $\Delta_r T$。

3）通过 $\Delta_r T$ 的中点 C 作平行横轴的直线，交曲线于点 D。

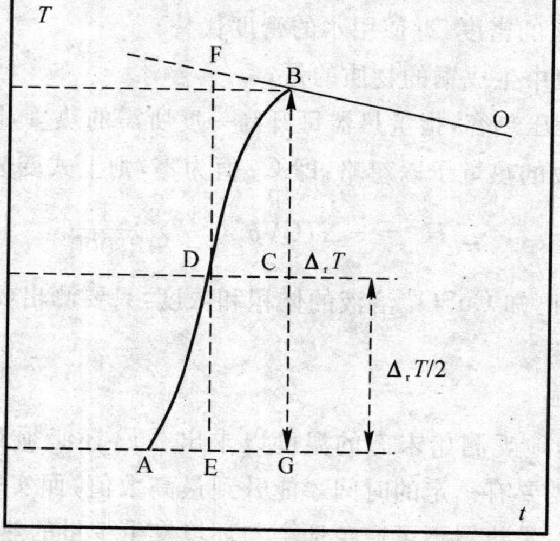

图 3－4　反应时间与温度变化的关系

4) 过点D作平行纵轴的直线分别交于BO的延长线点F和AG线的点E,EF线代表校正后的真正温度改变值ΔT。

(6)$\Delta_r H^{\ominus}$ 和相对误差的计算。由作图外推法求出的ΔT,代入式(3-5)中计算出$\Delta_r H^{\ominus}$值(实验值),实验的相对误差计算为

$$\frac{|\Delta_r H^{\ominus}_{理}|-|\Delta_r H^{\ominus}_{实}|}{|\Delta_r H^{\ominus}_{理}|}\times 100\%=\frac{218.66-|\Delta_r H^{\ominus}_{实}|}{218.66}\times 100\% \tag{3-6}$$

2. 量热器热容测定

实验内容1,是用作图法校正温度改变值来计算实验焓变值及相对误差。此外,还可以通过测量热器热容(量热器每升高一度所需的热量)的方法,根据式(3-4)计算反应的焓变及相对误差(该方法在冷热水混合时有热量损失,测定误差较大,因此此内容可以不做,仅供参考)。

(1) 用移液管量取50.00 mL蒸馏水放入干燥的量热器中,塞好塞子,搅拌。若连续3 min温度无变化,可以认为体系处于平衡状态,记下此时温度T_1。

(2) 用移液管取50.00 mL自来水注入200 mL烧杯中加热,当加热到高于冷水温度20℃时,停止加热,让热水静止1～2 min,测热水温度为T_2,然后迅速倒入量热器中,盖上盖子并搅拌,同时每隔15 s记录一次温度,温度升到最高点后,每30 s记录一次,温度达最高点后连续观测3 min。将数据记入表3-5中。

用温度对时间作图,求T_3。

(3) 计算比热容。已知水的比热容为C,一定量蒸馏水为m,则

$$热水失热=mC(T_2-T_3)$$
$$冷水得热=mC(T_3-T_1)$$
$$量热器得热=mC(T_2-T_3)-mC(T_3-T_1)$$

因此量热器热容为

$$C_p=\frac{mC(T_2-T_3)-mC(T_3-T_1)}{T_3-T_1}=\frac{mC(T_2+T_1-2T_3)}{T_3-T_1}$$

(4) 计算焓变$\Delta_r H^{\ominus}$。将量热器等压热容C_p值代入式(3-4)中可计算出$\Delta_r H^{\ominus}$值(实验值),根据式(3-6)可计算出实验的相对误差。

表3-4 反应焓变测定数据记录表1

$C/(J\cdot g^{-1}\cdot K^{-1})$		V/mL		$\rho/(g\cdot cm^{-3})$		n/mol	
t_0/s		T_0/K		t_5/s		T_5/K	
t_1/s		T_1/K		t_6/s		T_6/K	
t_2/s		T_2/K		t_7/s		T_7/K	
t_3/s		T_3/K		t_8/s		T_8/K	
t_4/s		T_4/K		t_9/s		T_9/K	
ΔT/K							
$\Delta_r H^{\ominus}$ /kJ·mol^{-1}	$\Delta_r H^{\ominus}=-\Delta TCV\rho\times\frac{1}{n}\times\frac{1}{1\,000}$						
相对误差/(%)	相对误差$=\frac{218.66-|\Delta_r H^{\ominus}_{实}|}{218.66}\times 100\%$						

表 3-5　反应焓变测定数据记录表 2

$C/(\mathrm{J\cdot g^{-1}\cdot K^{-1}})$		V/mL		$\rho/(\mathrm{g\cdot cm^{-3}})$		n/mol	
T_1/K		T_2/K		m/g			
t_{10}/s		T_{10}/K		t_{15}/s		T_{15}/K	
t_{11}/s		T_{11}/K		t_{16}/s		T_{16}/K	
t_{12}/s		T_{12}/K		t_{17}/s		T_{17}/K	
t_{13}/s		T_{13}/K		t_{18}/s		T_{18}/K	
T_{14}/s		T_{14}/K		t_{19}/s		T_{19}/K	
T_3/K							
$C_p/(\mathrm{J\cdot K^{-1}})$		$C_p=\dfrac{mC(T_2-T_3)-mC(T_3-T_1)}{T_3-T_1}=\dfrac{mC(T_2+T_1-2T_3)}{T_3-T_1}$					
$\Delta_r H^\ominus/(\mathrm{kJ\cdot mol^{-1}})$		$\Delta_r H^\ominus=\dfrac{-Q_p}{n}=-\Delta T\times\dfrac{1}{n}\times\dfrac{1}{1\,000}\times(CV\rho+C_p)$					
相对误差/(%)		$相对误差=\dfrac{218.66-\lvert\Delta_r H^\ominus_{实}\rvert}{218.66}\times 100\%$					

【思考题】

(1) 用量热器测定反应热的基本原理是什么?

(2) 为什么实验中所用 Zn 粉只须用台秤称取,而对 $CuSO_4$ 溶液的浓度则要求比较精确?

(3) 试计算 100.00 mL 0.200 0 $\mathrm{mol\cdot L^{-1}}$ $CuSO_4$ 溶液完全反应所须加 Zn 粉的量。

(4) 为什么不取反应物混合后溶液的最高温度与刚混合时的温度之差,作为实验中测定的 ΔT 数值,而要采用作图外推的方法求得?作图与外推过程中应注意哪些问题?

(5) 如何根据实验结果计算反应焓变的数值?哪些问题是实验测定中的关键?如何分析实验中可能产生的误差?为什么本实验测定结果通常产生负误差?

实验四　化学反应速率和活化能的测定

【实验目的】

(1) 了解浓度、温度和催化剂对反应速率的影响;

(2) 测定过二硫酸铵与碘化钾的反应速率,并计算反应级数、反应速率常数和反应的活化能;

(3) 练习在试管中观察反应及在水浴中保持恒温的操作方法。

【实验原理】

在水溶液中过二硫酸铵和碘化钾发生的反应(1)为

$$(NH_4)_2S_2O_8 + 3KI = (NH_4)_2SO_4 + K_2SO_4 + KI_3$$

$$S_2O_8^{2-} + 3I^- = 2SO_4^{2-} + I_3^-$$

这个反应的平均反应速率 $\bar{v}$ 可表示为

$$\bar{v} = \frac{\Delta c(S_2O_8^{2-})}{\Delta t} = kc^m(S_2O_8^{2-})c^n(I^-) \qquad (3-7)$$

式中　$\Delta c(S_2O_8^{2-})$——Δt 时间内 $S_2O_8^{2-}$ 浓度的变化值；

$c(S_2O_8^{2-})$，$c(I^-)$—— 两种离子的初始浓度；

k—— 反应速率常数；

m，n—— 决定反应级数的两个值，$m+n$ 即为反应级数。

为了能够测出反应在 Δt 时间内 $\Delta c(S_2O_8^{2-})$ 的值，需要在混合 $(NH_4)_2S_2O_8$ 和 KI 溶液的同时，加入一定体积已知浓度的 $Na_2S_2O_3$ 溶液和淀粉溶液，这样在反应(1) 进行的同时还进行下面的反应(2)：

$$2S_2O_3^{2-} + I_3^- = S_4O_6^{2-} + 3I^-$$

这个反应进行得非常快，几乎瞬间完成，而反应(1) 比反应(2) 慢得多。因此，由反应(1) 生成的碘能立即与 $S_2O_3^{2-}$ 反应，生成无色的 $S_4O_6^{2-}$ 和 I^-，在反应的开始阶段看不到碘与淀粉反应而显示的特有蓝色。但当 $Na_2S_2O_3$ 耗尽，反应(1) 继续生成的微量 I_3^- 就与淀粉反应，使溶液显示出蓝色。记录溶液变蓝所需要的时间 Δt，即为 $Na_2S_2O_3$ 反应完全所需要的时间。

由于在 Δt 时间内 $Na_2S_2O_3$ 全部耗尽，因此 $-\Delta c(S_2O_3^{2-})$ 实际上就是 $S_2O_3^{2-}$ 的起始浓度。由此，可进一步计算出 $\Delta c(S_2O_8^{2-})$ 和平均反应速率 $\bar{v}$；再根据平均反应速率 $\bar{v}$ 和反应物浓度的关系式(3-7)，得到反应级数 $m+n$(m，n 值也可通过作图得到) 及反应速率常数 k。

根据 Arrhenius 公式，反应速率常数 k 与温度 T 有如下关系：

$$\lg k = A - \frac{E_a}{2.303RT} \qquad (3-8)$$

式中　E_a—— 反应的活化能；

R—— 气体常数；

A—— 经验常数。

只要通过实验测出不同温度 T 时反应速率常数 k 值，再以 $\lg k$ 对 $\frac{1}{T}$ 作图，就可以通过直线的斜率 $\frac{-E_a}{2.303RT}$，计算出反应的活化能 E_a，也可直接利用下式求出：

$$\lg \frac{k_2}{k_1} = \frac{E_a}{2.303RT} \frac{T_2 - T_1}{T_1 T_2} \qquad (3-9)$$

【实验用品】

仪器：烧杯、大试管、量筒、玻璃棒、恒温水浴槽、秒表、温度计。

试剂见表 3-6。

表 3-6　试剂及其浓度

试剂名称	浓　度	试剂名称	浓　度
$(NH_4)_2S_2O_8$	0.20 mol·L^{-1}	KNO_3	0.20 mol·L^{-1}
KI	0.20 mol·L^{-1}	$(NH_4)_2SO_4$	0.20 mol·L^{-1}
$Na_2S_2O_3$	0.01 mol·L^{-1}	$Cu(NO_3)_2$	0.02 mol·L^{-1}
淀粉溶液	0.2%		

【实验内容】

1. 浓度对化学反应速率的影响

在室温条件下进行表 3-7 中编号Ⅰ的实验。用量筒分别量取 20.0 mL 0.20 mol·L^{-1}KI 溶液、80 mL 0.010 mol·$L^{-1}$$Na_2S_2O_3$ 溶液和 2.0 mL 0.2% 淀粉溶液，全部加入烧杯中，混合均匀。然后用另一量筒取 20.0 mL 0.20 mol·$L^{-1}$$(NH_4)_2S_2O_8$ 溶液，迅速倒入上述混合液中，同时启动秒表，并不断搅动，仔细观察。当溶液刚出现蓝色时，立即按停秒表，记录反应时间和室温。

用同样的方法按照表 3-7 的用量进行编号 Ⅱ，Ⅲ，Ⅳ，Ⅴ 的实验，记录每次实验的反应时间。为了使每次实验中离子强度和总体积不变，不足的量分别用 0.2 mol·$L^{-1}$$KNO_3$ 溶液和 0.2 mol·$L^{-1}$$(NH_4)_2SO_4$ 溶液补足。

表 3-7　浓度对化学反应速率的影响数据记录表　　室温：______℃

实验编号		Ⅰ	Ⅱ	Ⅲ	Ⅳ	Ⅴ
试液体积 /mL	0.20 mol·$L^{-1}$$(NH_4)_2S_2O_8$	20.0	10.0	5.0	20.0	20.0
	0.20 mol·L^{-1}KI	20.0	20.0	20.0	10.0	5.0
	0.010 mol·$L^{-1}$$Na_2S_2O_3$	8.0	8.0	8.0	8.0	8.0
	0.2% 淀粉溶液	2.0	2.0	2.0	2.0	2.0
	0.20 mol·$L^{-1}$$KNO_3$	0	0	0	10.0	15.0
	0.20 mol·$L^{-1}$$(NH_4)_2SO_4$	0	10.0	15.0	0	0
混合液中反应物的起始浓度 / mol·L^{-1}	$(NH_4)_2S_2O_8$					
	KI					
	$Na_2S_2O_3$					
反应时间 /s						
反应速率 /(mol·L^{-1}·s^{-1})						
速率常数						
反应级数		$m=$		$n=$		$m+n=$

2. 温度对化学反应速率的影响

按照表 3-7 中实验 Ⅳ 所列的药品用量，将装有 KI，$Na_2S_2O_3$，KNO_3，淀粉混合溶液的小烧杯和装有$(NH_4)_2S_2O_8$ 溶液的小烧杯，放入比室温高 10℃ 的恒温水浴中，待试管中溶液的温度与水温相同时，将$(NH_4)_2S_2O_8$溶液迅速加到碘化钾等混合溶液中，同时计时并不断搅动，当溶液刚出现蓝色时，记录反应时间。此实验编号记为 Ⅵ。

同样方法在热水浴中进行高于室温 20℃ 的实验，此实验编号记为 Ⅶ。

将此两次实验数据 Ⅵ，Ⅶ 和实验 Ⅳ 的数据记入表 3-8 中进行比较，并利用表中数据计算出反应的活化能 E_a。

表 3-8　温度对化学反应速率的影响数据记录表

实验编号	Ⅳ	Ⅵ	Ⅶ
反应温度 /℃			
反应时间 /s			
反应速率 /$(mol \cdot L^{-1} \cdot s^{-1})$			
速率常数			
反应的活化能 /$(kJ \cdot mol^{-1})$			

3. 催化剂对化学反应速率的影响

按表 3-7 实验 Ⅳ 的用量，把 KI、$Na_2S_2O_3$、KNO_3、淀粉溶液加到 200 mL 烧杯中，再加入 2 滴 0.02 $mol \cdot L^{-1}$ $Cu(NO_3)_2$ 溶液，搅匀，然后迅速加入$(NH_4)_2S_2O_8$溶液，不断搅拌直至溶液刚出现蓝色为止，记录所用时间至表 3-9 中。将此反应时间与表 3-7 中实验 Ⅳ 的反应时间进行比较，得出定性结论。

表 3-9　催化剂对化学反应速率的影响数据记录表

实验编号	Ⅳ	Ⅷ
加入 0.02 $mol \cdot L^{-1}$ $Cu(NO_3)_2$ 溶液的量	未加入	2 滴
反应时间 /s		

【注意事项】

(1) 本实验为两人一组进行实验，两人要分工明确，密切配合。对溶液的量取、混合、搅拌、观察现象、计时都要仔细。

(2) 取用 KI、$Na_2S_2O_3$、淀粉溶液、KNO_3、$(NH_4)_2SO_4$ 溶液的量筒与取用$(NH_4)_2S_2O_8$的量筒一定要分开，以避免溶液在混合前就已发生反应。

(3) 搅拌用玻璃棒在每次测定前应清洗干净，并用滤纸擦干备用。

(4) 反应后溶液刚出现蓝色时，应立即停表。对于第 Ⅲ 组和第 Ⅴ 组实验，因 $S_2O_8^{2-}$ 或 I^- 浓度小，刚出现蓝色时颜色很浅，更应仔细观察。

(5) 进行温度对反应速率的影响实验时，若用一支温度计进行测温，在测定 KI、$Na_2S_2O_3$、淀粉溶液、KNO_3 等混合溶液后，温度计必须清洗干净，用滤纸擦干后，才能测定装$(NH_4)_2S_2O_8$溶液的小烧杯的温度。

(6) 在 KI、$Na_2S_2O_3$、淀粉等混合溶液中加入$(NH_4)_2S_2O_8$时，应迅速全部加入。

(7) 本实验中，反应的溶液因 $S_2O_3^{2-}$ 消耗完毕立即变蓝，而实验所用 $S_2O_3^{2-}$ 的量又特别小，故取用 $Na_2S_2O_3$ 溶液时一定要特别准确，最好用吸量管进行取液。

(8) 取用KI溶液时，应观察溶液为无色透明溶液。若溶液出现浅黄色，则有 I_2 析出，该溶液不能使用。

【思考题】

(1) 什么是化学反应速率，如何表示？本实验所测得的是平均速率还是瞬时速率？

(2) 影响反应速率的因素有哪些？

(3) 实验中向 KI、淀粉、$Na_2S_2O_3$ 混合液中加入 $(NH_4)_2S_2O_8$ 时为什么要迅速？加 $Na_2S_2O_3$ 的目的是什么？$Na_2S_2O_3$ 的用量过多或者过少，对实验结果有何影响？

(4) 为什么可以由反应溶液出现蓝色的时间长短来计算反应速度？溶液出现蓝色后，反应是否终止？

实验五　醋酸解离度和解离常数的测定

【实验目的】

(1) 掌握 pH 值法测定弱酸解离平衡常数的原理和方法；

(2) 加深对弱电解质解离平衡及解离度的理解；

(3) 学会使用酸度计。

【实验原理】

醋酸是弱电解质，在水溶液中存在下列解离平衡：

$$HAc(aq) \rightleftharpoons H^+(aq) + Ac^-(aq)$$

其解离常数的表达式为

$$K_a(HAc) = \frac{c(H^+)c(Ac^-)}{c(HAc)} \tag{3-10}$$

为了定量地表示弱电解质在水中的解离程度，常采用解离度这个概念。解离度用符号 α 表示，它与标准平衡常数 K_a 不同，α 除了与电解质的本性和温度有关外，还与溶液的浓度有关。一般弱电解质的解离度会随着浓度的减小而增大。

设起始浓度为 c 的醋酸溶液在水中存在如下平衡：

	$HAc(aq) \rightleftharpoons$	$H^+(aq)$ +	$Ac^-(aq)$
起始浓度 /$(mol \cdot L^{-1})$	c	0	0
平衡浓度 /$(mol \cdot L^{-1})$	$c - c\alpha$	$c\alpha$	$c\alpha$

平衡常数可表示为

$$K_a(HAc) = \frac{(c\alpha)^2}{c - c\alpha} \tag{3-11}$$

式中　α—— 醋酸的解离度；

K_a—— 醋酸的解离常数，在 298 K 时，$K_a = 1.8 \times 10^{-5}$。

在一定温度下，用酸度计测定一系列已知浓度醋酸溶液的 pH 值，根据 $pH = -\lg c(H^+)$ 得到 $c(H^+)$，再由 $c(H^+) = c\alpha$ 求出对应的解离度 α 和解离平衡常数 K_a。

【实验用品】

仪器：pHS－2C型酸度计、复合电极、烧杯（50 mL 4只）、滴定管、锥形瓶、玻璃棒。

药品：HAc、NaOH标准溶液（0.100 0 mol·L^{-1}）、酚酞指示剂、标准缓冲溶液（20℃ pH＝6.86，pH＝4.00）。

【实验内容】

1. HAc溶液的标定

准确取25 mL HAc溶液于锥形瓶中，加入1～2滴酚酞指示剂，用标准NaOH溶液滴定至粉红色，半分钟内不褪色即为终点，计算HAc浓度。平行测定3次，取平均值。将实验数据填入表3－10中。

表3－10　HAc溶液的标定数据记录表

实验编号	1	2	3
滴定管初始读数/mL			
滴定管最终读数/mL			
消耗NaOH的体积/mL			
消耗NaOH体积的平均值/mL			
标准NaOH溶液的浓度/(mol·L^{-1})			
滴定中取用HAc溶液的体积/mL			
HAc溶液的浓度/(mol·L^{-1}) $c(HAc)=\dfrac{c(NaOH)\,V_{平均}}{V(HAc)}$			

2. 配制不同浓度的醋酸溶液

取4个干燥的50 mL小烧杯，编号，按照表3－11中的数据分别取已标定的HAc溶液和蒸馏水于小烧杯中，搅拌均匀。计算各烧杯中HAc的准确浓度。

3. 醋酸溶液pH值的测定

将上述1～4号烧杯由稀到浓，分别用pHS－2C型酸度计（使用方法参见第2章2.6节）测定其pH值，记录各溶液的pH值及实验时的温度。将实验数据填入表3－11中。计算各溶液中醋酸的解离常数。

表3－11　HAc溶液pH值的测定数据记录表

实验编号	$\frac{HAc体积}{mL}$	$\frac{H_2O体积}{mL}$	$\frac{HAc浓度}{mol\cdot L^{-1}}$	pH值	$\frac{c(H^+)}{mol\cdot L^{-1}}$	α/(%)	$\frac{K_a}{(HAc)}$
1	50.00	0.00					
2	25.00	25.00					
3	10.00	40.00					
4	5.00	45.00					
室温/℃		K_a(HAc)平均值					

【思考题】

(1) 若改变所测 HAc 溶液的浓度或温度，对解离常数有无影响？

(2) 在标定 HAc 溶液过程中，锥形瓶能否用蒸馏水冲洗？滴定至终点时，滴定管尖嘴部位有一滴溶液未滴下，对实际结果是否有影响？

(3) 测定 HAc 溶液的 pH 值时，为什么要按由稀到浓的顺序进行？

(4) 还有哪些方法可以测定弱电解质的解离常数？

实验六　碘酸铜溶度积常数的测定

【实验目的】

(1) 了解分光光度法测定吸光度的原理，学习分光光度计的使用；

(2) 学习工作曲线的制作，学会用工作曲线法测定溶液浓度的方法。

【实验原理】

1. 溶度积常数

碘酸铜是难溶强电解质。在其水溶液中，已溶解的 Cu^{2+} 和 IO_3^- 与未溶解的 $Cu(IO_3)_2$ 固体之间，在一定温度下可达到动态平衡：

$$Cu(IO_3)_2 \rightleftharpoons Cu^{2+} + 2IO_3^-$$

平衡时的溶液是饱和溶液，在一定温度下，碘酸铜的饱和溶液中 Cu^{2+} 和 IO_3^- 浓度（更确切地说应是活度，由于 $Cu(IO_3)_2$ 的溶解度很小，因此可把饱和溶液看做是无限稀释的溶液，离子的活度与浓度近似相等）平方的乘积是一个常数。

$$K_{sp} = c(Cu^{2+})c(IO_3^-)^2 \tag{3-12}$$

在碘酸铜的饱和溶液中 $c(IO_3^-)^2 = 2c(Cu^{2+})$，代入式(3-12)，则

$$K_{sp} = 4c(Cu^{2+})^3 \tag{3-13}$$

式中，K_{sp} 就是溶度积常数，Cu^{2+} 和 IO_3^- 的浓度均为平衡时的浓度。在温度恒定时，K_{sp} 数值不随 Cu^{2+} 和 IO_3^- 浓度的改变而改变，如果在一定温度下将 $Cu(IO_3)_2$ 饱和溶液中的 Cu^{2+} 浓度测定出来，便可由式(3-13) 计算出 $Cu(IO_3)_2$ 的 K_{sp} 值。

2. 分光光度法测定原理

当一束波长一定的单色光通过有色溶液时，光的一部分被溶液吸收，一部分透过溶液。对光的吸收和透过程度，通常有两种表示方法：一种是用透光率 T 表示，即透过光的强度 I_t 与入射光的强度 I_0 之比：

$$T = \frac{I_t}{I_0} \tag{3-14}$$

另一种是用吸光度 A（又称消光度、光密度）来表示，它是取透光率的负对数。

$$A = -\lg T = \lg \frac{I_0}{I_t} \tag{3-15}$$

A 值越大，表示光被有色溶液吸收的程度越大；反之，A 值越小，表示光被溶液吸收的程度

越小。

实验结果证明：有色溶液对光的吸收程度与溶液的浓度 c 和光穿过的液层厚度 l 的乘积成正比。这一定律称为朗伯-比耳(Lambert-Beer) 定律。

$$A=\varepsilon cl \quad (3-16)$$

式中　ε—— 消光系数(或吸光系数)。当波长一定时，它是有色物质的一个特征常数。

比色皿的大小一定时液层厚度 l 也是一定的，因此 A 值只与浓度 c 有关。

【实验用品】

仪器：分光光度计、容量瓶(50 mL 4 个)、吸量管(5 mL、10 mL)、烧杯、定量滤纸、长颈漏斗(3 个)、漏斗架(1 个)。

药品：$NH_3 \cdot H_2O$(1 $mol \cdot L^{-1}$)、$CuSO_4$ 标准溶液(0.1 $mol \cdot L^{-1}$)、KIO_3、$CuSO_4 \cdot 5H_2O$。

【实验内容】

1. 方法一：工作曲线法

(1) 配制 $Cu(IO_3)_2$ 饱和溶液。取少量 $Cu(IO_3)_2$ 沉淀(见扩展内容 1) 放入烧杯中，加入 100 mL 蒸馏水，加热至 70 ～ 80℃，并充分搅拌，冷却至室温，静置数分钟，常压干过滤。

(2) 用标准 $CuSO_4$ 溶液作工作曲线。计算配制 25.00 mL 0.002 0 $mol \cdot L^{-1}$，0.005 0 $mol \cdot L^{-1}$，0.010 0 $mol \cdot L^{-1}$，0.015 0 $mol \cdot L^{-1}$ Cu^{2+} 溶液所需的0.1 $mol \cdot L^{-1}$ $CuSO_4$ 溶液(配制与标定参见扩展内容 2) 的体积。用吸量管分别移取计算量的 0.1 $mol \cdot L^{-1}$ $CuSO_4$ 溶液于 4 只 50 mL 容量瓶中，各加入 25.00 mL 1 $mol \cdot L^{-1}$ 氨水溶液，并用蒸馏水稀释至刻度，混合均匀后，用 1 cm(或 2 cm) 比色皿在 λ=610 nm 的条件下，用分光光度计(使用方法参见第 2 章 2.6 节) 测吸光度。作吸光度 $A-c(Cu^{2+})$ 关系图(工作曲线)。将实验数据填入表 3-12 中。

表 3-12　标准 $CuSO_4$ 溶液吸光度值测定数据记录表

$c(CuSO_4)$ = 0.1 $mol \cdot L^{-1}$，$V_{总}$ = 25.00 mL。

实验编号	$c(Cu^{2+})/(mol \cdot L^{-1})$	$V(CuSO_4)$/mL	$V(NH_3 \cdot H_2O)$/mL	吸光度 A
1	0.002 0			
2	0.005 0			
3	0.010 0			
4	0.015 0			

(3) 饱和溶液中 Cu^{2+} 浓度的测定。从准备好的 $Cu(IO_3)_2$ 饱和溶液中，吸取滤液 10.00 mL共两份，各加入 10.00 mL 1 $mol \cdot L^{-1}$ 氨水溶液，混合均匀后，再在与作工作曲线相同的条件下，测定溶液吸光度。

(4) 根据测得的 A 值，在工作曲线上找出相应的 Cu^{2+} 浓度，并据此浓度计算 K_{sp} 的数值。将实验数据填入表 3-13 中。

表 3－13　碘酸铜溶度积常数测定数据记录表

实验编号	吸光度 A	$c(Cu^{2+})/(mol \cdot L^{-1})$	K_{sp}	K_{sp} 平均值
1				
2				

2. 方法二：直接测定浓度法

不作工作曲线，在同样条件下，直接通过已知标准 Cu^{2+} 浓度的溶液调节分光光度计的浓度旋钮，使读数显示为已知浓度值，然后将待测液放入光路，即可读出被测溶液的浓度值（平行测定两份）。根据 Cu^{2+} 浓度的平均值计算 K_{sp} 的数值。

【扩展内容】

1. $Cu(IO_3)_2$ 的制备

称取 2.5 g $CuSO_4 \cdot 5H_2O$ 于 20 mL 蒸馏水中溶解，另称 4.2 g KIO_3 于 100 mL 蒸馏水中加热溶解。在搅拌的情况下将两种溶液混合，直至有大量淡蓝色 $Cu(IO_3)_2$ 沉淀析出后，停止加热，继续搅拌数分钟，冷至室温、抽滤、充分洗涤沉淀 5 ～ 6 次，每次使用蒸馏水 10 mL，洗至洗涤液 pH = 4 ～ 5，备用。

2. 0.1 $mol \cdot L^{-1}$ $CuSO_4$ 溶液的配制与标定

(1) 配制 $CuSO_4 \cdot 5H_2O$ 样品的待测溶液。称取样品约 1.2 g（精确至 0.000 1 g），用 1 mL 2 $mol \cdot L^{-1}$ H_2SO_4 溶解后，加入少量水，定量转移至 50 mL 容量瓶中定容，摇匀。

(2) 测定待测溶液中 Cu^{2+} 的浓度。

1) 用吸量管移取 5.0 mL 待测液，于 150 mL 碘量瓶中，振荡，再加入 2 mL 1 $mol \cdot L^{-1}$ KI，振荡，塞好瓶塞，置于暗处 10 min 后，加水 10 mL 摇匀，以 0.1 $mol \cdot L^{-1}$ $Na_2S_2O_3$ 标准溶液滴定至溶液呈黄色，然后加入 1 mL 0.2% 淀粉溶液，再加入 2 mL 10% KSCN 溶液，继续滴定至蓝色恰好消失为终点。平行测定 3 次，计算 Cu^{2+} 的浓度。

2) Cu^{2+} 的浓度也可用紫尿酸铵作为指示剂，用 EDTA 标准溶液进行标定：准确称取 0.17 ～0.19 g 产物，用 15 mL $NH_3 \cdot H_2O - NH_4Cl$ 缓冲液（pH = 10）溶解，再稀释至 100 mL。以紫尿酸铵作指示剂，用 0.02 $mol \cdot L^{-1}$ 标准 EDTA 溶液滴定，当溶液由亮黄色变至紫色时即为终点。

【附注】

所谓“干过滤”，就是指在过滤过程中所用的漏斗、玻璃棒及盛接容器必须是干燥的，滤纸只能用待过滤的溶液润湿其内侧，这样被过滤的溶液浓度不变（溶剂挥发的因素除外）。

【思考题】

(1) 配制 $Cu(IO_3)_2$ 饱和溶液时，为什么要加热、充分搅拌、静置？

(2) 在制备 $Cu(IO_3)_2$ 固体时为什么要用水充分洗涤沉淀？

实验七　磺基水杨酸铁(Ⅲ)配合物的组成及稳定常数测定

【实验目的】

(1) 了解用比色法测定配合物的组成和稳定常数的原理和方法；

(2) 进一步掌握分光光度计的使用方法；

(3) 学习用计算机处理有关实验数据的方法。

【实验原理】

当一束波长一定的单色光通过盛在比色皿中的有色溶液时，一部分光被有色溶液吸收，一部分透过。设 c 为有色溶液浓度，l 为有色溶液(比色皿)的厚度，则吸光度(也称消光度) A 与有色溶液的浓度 c 和溶液的厚度 l 的乘积成正比。这叫做朗伯-比耳(Lambert-Beer)定律，其数学表达式为

$$A=\varepsilon cl \tag{3-17}$$

式中　ε—— 比例系数，也叫吸光系数，其数值与入射光的波长、溶液的性质及温度有关。

若入射光的波长、温度和比色皿均一定(l 不变)，则吸光度 A 只与有色溶液浓度 c 成正比。设中心离子 M 和配位体 L 在给定条件下反应，只生成一种有色配离子或配合物 ML_n(略去配离子电荷数)，即

$$M+nL \rightleftharpoons ML_n$$

若 M 与 L 都是无色的，则此溶液的吸光度 A 与该有色配离子或配合物的浓度成正比。据此可用浓比递变法(或称摩尔系列法)测定该配离子或配合物的组成和稳定常数，具体方法如下：

配制一系列含有中心离子 M 与配位体 L 的溶液，M 与 L 的总摩尔数相等，但各自的摩尔分数连续改变。例如：L 的摩尔分数依次为 0.00，0.10，0.20，0.30，…，0.90，1.0，在一定波长的单色光中分别测定这系列溶液的吸光度 A，有色配离子或配合物的浓度越大，溶液颜色越深，其吸光度越大，当 M 和 L 恰好全部形成配离子或配合物时(不考虑配离子的解离)，ML_n 的浓度最大，吸光度也最大，若以吸光度 A 为纵坐标，以配位体的摩尔分数为横坐标作图，可以求得最大的吸光度处。

例如，从图 3-5 可以看出，延长曲线两边的直线部分，相交于点 O，点 O 即为最大吸收处，对应配位体的摩尔分数为 0.5，则中心离子的摩尔分数为 1－0.5＝0.5。即

$$\frac{\text{配位体摩尔数}}{\text{中心离子摩尔数}}=\frac{\text{配位体摩尔分数}}{\text{中心离子摩尔分数}}=\frac{0.5}{0.5}=1$$

由此可知，该配离子或配合物的组成为 ML 型。

配离子的稳定常数可根据图3-5求得。从图上还可以看出，对于 ML 型配离子或配合物，若它全部以 ML 形式存在，则其最大吸光度在 O 处，对应的吸光度为 A_1；但由于配合物有一部分解离，其浓度要稍小一些，实际测得的最大吸光度在 B 处，相应的吸光度为 A_2。此时配合物或配离子的解离度为

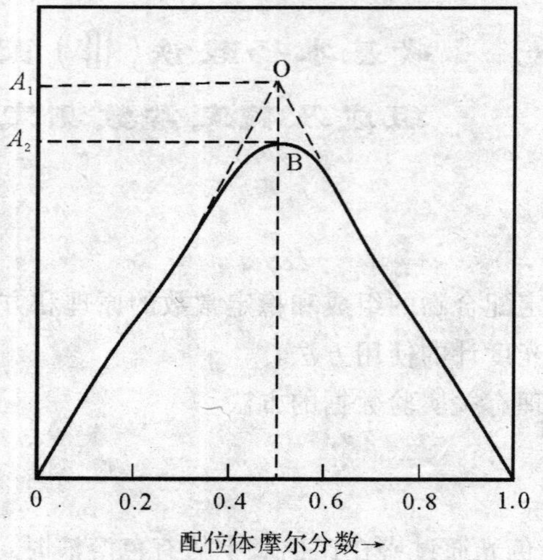

图 3-5　配位体摩尔分数-吸光度图

$$\alpha=\frac{A_1-A_2}{A_1} \tag{3-18}$$

配离子或配合物 ML 的稳定常数与解离度的关系为

$$ML \rightleftharpoons M+L$$

起始时浓度 /($mol \cdot L^{-1}$)	c	0	0
平衡时浓度 /($mol \cdot L^{-1}$)	$c-c\alpha$	$c\alpha$	$c\alpha$

$$K_{稳}=\frac{c(ML)}{c(M)c(L)}=\frac{1-\alpha}{c\alpha^2} \tag{3-19}$$

式中　c—— 点 O 对应的中心离子的摩尔浓度($c(Fe^{3+})=2.50\times10^{-4}\,mol\cdot L^{-1}$)。

Fe^{3+} 与磺基水杨酸

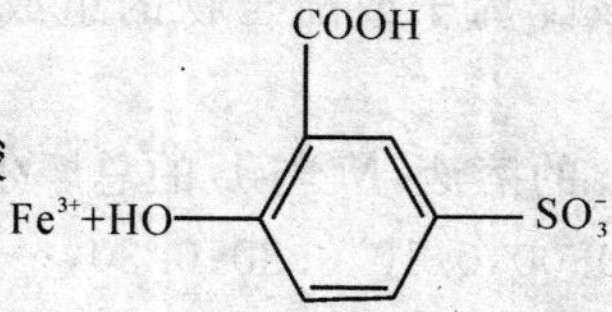

(可简写成 H_3R)能形成稳定的螯合物。螯合物的组成随 pH 值不同而有差异,磺基水杨酸溶液是无色的,Fe^{3+} 的浓度很稀时,也可认为是无色的,它们在 pH 值为 2 ~ 3 时,生成紫红色的螯合物(有一个配位体),反应可表示为

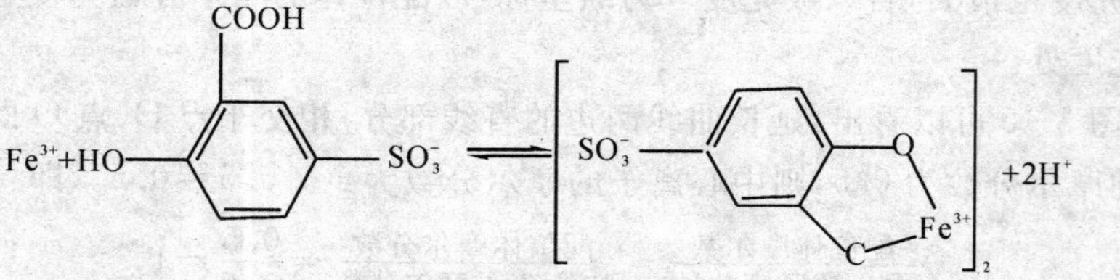

pH 值为 4 ~ 9 时,生成红色螯合物(有 2 个配位体);pH 值为 9 ~ 11.5 时,生成黄色螯合物(有 3 个配位体);pH > 12 时,有色螯合物被破坏而生成沉淀。

本实验是在 pH 值为 2 ~ 3 的条件下测定上述配合物的组成和稳定常数的,并用高氯酸来控制溶液的 pH 值,其优点主要是它不易与金属离子配合。

【实验用品】

仪器：分光光度计、烧杯(50 mL 11 只、1 000 mL 1 只)、容量瓶(100 mL 2 只)、移液管(10 mL 3 只)、吸量管(10 mL 2 只)、吸耳球、玻璃棒、吸水纸(或滤纸)。

药品：$HClO_4$(0.010 0 mol·L^{-1})，$(NH_4)Fe(SO_4)_2$(0.001 00 mol·L^{-1})，H_3R(0.001 00 mol·L^{-1})。

【实验内容】

1. 溶液的配制

(1) 配制 0.001 00 mol·L^{-1} Fe^{3+} 溶液。用移液管取 10.00 mL 0.01 mol·L^{-1} $(NH_4)Fe(SO_4)_2$ 溶液，注入 100 mL 容量瓶中，用 0.01 mol·L^{-1} $HClO_4$ 溶液稀释至刻度，摇匀，备用。

(2) 配制 0.001 00 mol·L^{-1} 磺基水杨酸 H_3R 溶液。用移液管量取 10.00 mL 0.01 mol·L^{-1} H_3R 溶液，注入容量瓶 100 mL 中，用 0.01 mol·L^{-1} $HClO_4$ 溶液稀释至刻度，摇匀，备用。

2. 系列配离子(或配合物)溶液吸光度的测定

(1) 用吸量管按表 3-14 所列体积量取各溶液，分别注入已编号的干燥小烧杯中，搅拌均匀。

(2) 接通分光光度计电源，并调整好仪器，选定波长为 500 nm 的光源。

(3) 取 4 只厚度为 1 cm 的比色皿，往其中 1 只加入 0.01 mol·L^{-1} $HClO_4$ 溶液至约容积 4/5 处(用做空白溶液，放在比色皿框中的第一格中，其余 3 只中分别加入各编号的待测溶液，分别测定各待测溶液的吸光度，并记录)。每次测定必须核对，记取稳定的数值。分光光度计的使用方法参见第 2 章 2.6 节。

3. 用 Excel 电子表格处理实验数据

利用 Excel 电子表格绘制出配位体摩尔分数与所测吸光度 A 的关系图(参见第 1 章 1.4 节的相关内容)，并根据关系图中得到有关数据计算出配合物或配离子的组成和稳定常数。

【思考题】

(1) 浓度递变法(或等摩尔法)的原理是什么？如何用作图法来求得配离子(或配合物)的组成及其稳定常数？

(2) 本实验为什么用 $HClO_4$ 溶液作空白溶液？为什么选用 500 nm 波长的光源来测定溶液的吸光度？

(3) 本实验中能否用 0.010 0 mol·L^{-1} Fe^{3+} 代替 0.001 00 mol·L^{-1} Fe^{3+} 进行测定？为什么？

【附注】

(1)0.010 0 mol·L^{-1} $HClO_4$ 溶液的配制：将 4.4 mL 70% $HClO_4$ 加入 50 mL 水中，稀释至 5 000 mL。

(2)0.001 00 mol·L^{-1} Fe^{3+} 溶液的配制：将分析纯硫酸高铁铵[$(NH_4)Fe(SO_4)_2 \cdot 12H_2O$]晶体溶于 0.010 0 mol·$L^{-1}$ $HClO_4$ 中配制而成。

(3)0.001 00 mol·L^{-1} 磺基水杨酸标准溶液的配制：将分析纯磺基水杨酸溶于

0.010 0 mol·L^{-1} $HClO_4$ 中配制而成。

表 3-14　系列配离子溶液吸光度测定数据记录表

实验编号	0.010 0 mol·L^{-1} $HClO_4$ 溶液体积 V/mL	0.001 0 mol·L^{-1} Fe^{3+} 溶液体积 V/mL	0.001 0 mol·L^{-1} H_3R 溶液体积 V/mL	H_3R 的摩尔分数	吸光度 A
1	10.0	10.00	0.00		
2	10.0	9.00	1.00		
3	10.0	8.00	2.00		
4	10.0	7.00	3.00		
5	10.0	6.00	4.00		
6	10.0	5.00	5.00		
7	10.0	4.00	6.00		
8	10.0	3.00	7.00		
9	10.0	2.00	8.00		
10	10.0	1.00	9.00		
11	10.0	0.00	10.00		

实验八　氧化还原反应和氧化还原平衡

【实验目的】

(1) 了解原电池装置和反应，并学会粗略测量原电池电动势的方法；

(2) 理解浓度对电极电势的影响；

(3) 掌握电极电势与氧化还原反应的关系，进一步熟悉溶液浓度、酸度对氧化还原反应的影响。

【实验原理】

金属间的置换反应伴随着电子的转移，利用这类反应可组装原电池，如标准铜锌原电池。

$$(-)Zn \mid ZnSO_4(1\ mol \cdot L^{-1}) \mid\mid CuSO_4(1\ mol \cdot L^{-1}) \mid Cu(+)$$

在原电池中，化学能转变为电能，产生电流，由于电池本身有内电阻，用毫伏计所测的电压，只是电池电动势的一部分（即外电路的电压降）。可用 pHS-2C 型酸度计粗略地测量其电动势。

当氧化剂和还原剂所对应的电对的电极电势相差较大时，通常可以直接用标准电极电势 $E^{\ominus}$ 来判断，作为氧化剂电对对应的电极电势与作为还原剂电对对应的电极电势数值之差大于零，则氧化还原反应就自发进行。也就是 $E^{\ominus}$ 值大的氧化态物质可以氧化 $E^{\ominus}$ 值小的还原态物质，或 $E^{\ominus}$ 值小的还原态物质可以还原 $E^{\ominus}$ 值大的氧化态物质。

若两者的标准电极电势代数值相差不大时，必须考虑浓度对电极电势的影响。具体方法是利用 Nernst 方程式：

$$E = E^{\ominus} + \frac{0.059}{n}\lg\frac{c(\text{氧化态})}{c(\text{还原态})} \tag{3-20}$$

计算出不同浓度的电极电势值来说明氧化还原反应的情况。

若有 H^+ 或 OH^- 参加氧化还原反应，还必须考虑 pH 值（酸度）对电极电势和氧化还原反应的影响。

【实验用品】

仪器：pHS－2C 型酸度计、铜片电极（两根）、锌片电极（两根）、烧杯（50 mL）、试管、滴管、盐桥（充有琼胶和 KCl 饱和溶液的 U 形管）。

药品：试剂见表 3－15。

表 3－15　试剂及其浓度

试剂名称	浓　度	试剂名称	浓　度
HCl	浓、$1\ mol \cdot L^{-1}$	$(NH_4)_2Fe(SO_4)_2$	$0.1\ mol \cdot L^{-1}$
H_2SO_4	$1\ mol \cdot L^{-}$，$2\ mol \cdot L^{-1}$	$K_3[Fe(CN)_6]$	$0.1\ mol \cdot L^{-1}$
$CuSO_4$	$0.01\ mol \cdot L^{-1}$，$0.5\ mol \cdot L^{-1}$	$K_2Cr_2O_7$	$0.02\ mol \cdot L^{-1}$
$ZnSO_4$	$0.5\ mol \cdot L^{-1}$	HAc	$6\ mol \cdot L^{-1}$
KBr	$0.1\ mol \cdot L^{-1}$	$KMnO_4$	$0.01\ mol \cdot L^{-1}$
KI	$0.1\ mol \cdot L^{-1}$	NH_4SCN	$0.1\ mol \cdot L^{-1}$
$FeCl_3$	$0.1\ mol \cdot L^{-1}$	Na_2SO_4	$1\ mol \cdot L^{-1}$
H_2O_2	3%	$MnO_2(s)$	分析纯
CCl_4	分析纯	溴水	分析纯

材料：淀粉 KI 试纸、砂纸。

【实验内容】

1. 原电池与电动势

往一只小烧杯中加入约 30 mL $1\ mol \cdot L^{-1}\ ZnSO_4$ 溶液，在其中插入锌片；往另一只小烧杯中加入约 30 mL $0.5\ mol \cdot L^{-1}\ CuSO_4$ 溶液，在其中插入铜片。用盐桥将两只烧杯相连，组成一个原电池。用导线将锌片和铜片分别与伏特计（或酸度计）的负极和正极相接，测量两极之间的电动势。

2. 浓度对电极电势的影响

(1) 将内容 1 中的 $0.5\ mol \cdot L^{-1}\ CuSO_4$ 溶液，换成 $0.01\ mol \cdot L^{-1}\ CuSO_4$，重新测定电动势，与内容 1 的实验数据进行比较，并解释之。

(2) 自行设计并测定下列浓差电池电动势，将实验值与计算值比较。

$$Cu \mid CuSO_4(0.01\ mol \cdot L^{-1}) \parallel CuSO_4(0.5\ mol \cdot L^{-1}) \mid Cu$$

在浓差电池的两极各连一个回形针，然后在表面皿上放一小块滤纸，滴加 1 $mol \cdot L^{-1}$ Na_2SO_4 溶液，使滤纸完全湿润，再加入酚酞 2 滴。将两极的回形针压在纸上，使其相距约 1 mm，稍等片刻，观察所压处，哪一端出现红色。

3. 氧化还原反应与电极电势的关系

(1) 往试管中加入 10 滴 0.1 $mol \cdot L^{-1}$ KI 溶液和 2 滴 0.1 $mol \cdot L^{-1}$ $FeCl_3$ 溶液，再加入 10 滴 CCl_4，观察 CCl_4 层颜色的变化，发生了什么反应。

(2) 用 0.1 $mol \cdot L^{-1}$ KBr 溶液代替 KI 溶液，进行上述实验，反应能否发生？

根据(1)(2) 的实验结果，定性地比较 $E(Br_2/Br^-)$，$E(I_2/I^-)$，$E(Fe^{3+}/Fe^{2+})$ 的相对大小，并指出哪一种物质是最强氧化剂，哪一种物质是最强还原剂？

(3) 自拟实验，根据电极电势数值判断并验证 Fe^{2+} 能否与 3% 的 H_2O_2 发生反应？

注意：H_2O_2 不宜加多，以免妨碍用 NH_4SCN 对 Fe^{3+} 的检验。

4. 浓度对氧化还原反应的影响

观察 $MnO_2(s)$ 分别与浓 HCl 和 1 $mol \cdot L^{-1}$ HCl 的反应现象（此实验可以不加热），并检验所产生的气体，写出反应方程式，并从浓度对电极电势的影响进行解释。

5. 酸度对氧化还原反应的影响

往试管中加入 0.5 mL 0.1 $mol \cdot L^{-1}$ KI 溶液和 0.5 mL 0.02 $mol \cdot L^{-1}$ $K_2Cr_2O_7$ 溶液，混匀后，加入少量 CCl_4 并震荡，观察现象，再加入 10 滴 2 $mol \cdot L^{-1}$ H_2SO_4 溶液，观察 CCl_4 层颜色的变化，写出反应方程式，并加以解释。

6. 酸度对氧化还原反应速率的影响

在两只各盛 0.5 mL 0.1 $mol \cdot L^{-1}$ KBr 溶液的试管中，分别加入 0.5 mL 1 $mol \cdot L^{-1}$ H_2SO_4 和 6 $mol \cdot L^{-1}$ HAc 溶液，然后各加入 2 滴 0.01 $mol \cdot L^{-1}$ $KMnO_4$ 溶液，观察 2 只试管中紫红色褪去的速度，分别写出有关反应方程式。

【思考题】

(1) 怎样装置原电池？盐桥有什么作用？

(2) 如何利用电极电势来判断氧化还原反应进行的方向？本实验通过什么反应来说明的？

(3) 如何通过实验比较下列物质的氧化性和还原性的强弱？

1) Cl_2，Br_2，I_2 和 Fe^{3+}；

2) Cl^-，Br^-，I^- 和 Fe^{2+}。

(4) 电极电势受哪些因素的影响，是如何影响的？本实验是通过哪些实验来加以证明的？

(5) 在氧化还原反应中，为什么一般不用 HNO_3，HCl 作为反应的酸性介质？

第4章 综合性实验

实验九 铁氧体法处理含铬废水

【实验目的】

了解含铬废水的危害及处理方法和原理，练习目视比色检验法。

【实验原理】

铬是一种亮灰色的硬金属，其化合物的氧化数有2,3和6三种。一般地表水、地下水及供水水源中的铬以单质或Cr^{3+}形式存在，每升水中含铬量千分之几毫克至百分之几毫克，毒性不大。在机械制造、冶炼、航空、电镀、纺织、油漆、橡胶、印刷、制革、制药及火柴制造等行业的工业废水中，铬主要是以$Cr_2O_7^{2-}$或CrO_4^{2-}的形式存在。当水体中铬的质量浓度达到$1\ mg \cdot L^{-1}$时，水有苦味，若达到$50\ mg \cdot L^{-1}$时，可以感觉出不愉快的气味。国家标准规定，工厂排出废水含+6价铬最高的质量浓度为$0.5\ mg \cdot L^{-1}$，饮用水中+6价铬最高的质量浓度为$0.05\ mg \cdot L^{-1}$。

铬的化合物常以溶液、粉尘或蒸气的形式污染环境，可通过消化道、呼吸道、皮肤和黏膜侵入人体。铬的化合物对人体的毒害是多方面的，可造成全身中毒，皮肤接触铬后出现皮炎、湿疹，以及变态反应和致癌作用。它还可通过食物链进入动物和人体，并在肾脏蓄积，与含羟基、氨基、巯基的蛋白质分子结合，影响酶的功能，导致蛋白尿和糖尿等；铬还能影响维生素D_3的活性，从而导致骨质疏松、萎缩、变形等。铬对植物的危害表现在其破坏叶绿素，从而降低光合作用，还能使花粉败育，影响植物生长、发育和繁殖。

因此，对于工业废水中的铬必须进行处理，否则将会对环境造成严重的污染。含铬废水的处理方法通常包括电解还原法、化学沉淀法、离子交换法、分离法、光催化法、水泥基固化法、黏土吸附法等。铁氧体法是化学沉淀法中的一种。

铁氧体法处理含铬废水的基本原理是：在含铬废水中加入过量的硫酸亚铁，+6价铬与过量的硫酸亚铁发生氧化还原反应，+6价铬被还原成+3价铬，然后调节溶液的pH值，加入少量H_2O_2使部分亚铁离子被氧化为+3价，同时Cr^{3+}，Fe^{3+}，Fe^{2+}转化为氢氧化物沉淀而共同析出。沉淀经分离脱水干燥后，得到复合氧化物$Fe^{3+}[Fe^{2+}Fe_{(1-x)}{}^{3+}Cr_x^{3+}]O_4$，称为铁氧体。反应式为

$$Cr_2O_7^{2-}+6Fe^{2+}+14H^+ = 2Cr^{3+}+7H_2O+6Fe^{3+}$$

$$Fe^{3+}+3OH^- = Fe(OH)_3\downarrow$$

$$Cr^{3+}+3OH^- = Fe(OH)_3\downarrow$$

+6价铬会与二苯碳酰二肼发生反应生成粉红色配合物，因此常用二苯碳酰二肼检验水样中的+6价铬。

【实验用品】

仪器：托盘天平、电炉、烧杯、量筒、温度计、漏斗、比色管、移液管。

试剂见表 4-1。

表 4-1　试剂及其浓度

试剂名称	浓　度	试剂名称	浓　度
标准 $K_2Cr_2O_7$ 溶液	10 mg·L^{-1}	NaOH	6 mol·L^{-1}
含铬废水	可用 1.5 g·L^{-1} 的 $K_2Cr_2O_7$ 溶液代替	H_2SO_4	3 mol·L^{-1}
H_2O_2	3%（最好新配制并储于棕色瓶中）	$FeSO_4\cdot 7H_2O(s)$	分析纯
二苯碳酰二肼溶液	取 0.1 g 二苯碳酰二肼，加入 50 mL 95%乙醇，溶解后加入 200 mL 10% H_2SO_4 溶液，摇匀后，储于棕色试剂瓶中，最好随用随配		

【实验内容】

1. +6 价铬的还原

用量筒取 100 mL 含铬废水于 250 mL 烧杯中，加入 2.4 g 固体硫酸亚铁（用台秤称取），搅拌，溶解。然后在不断搅拌下逐滴加入 3 mol·L^{-1} H_2SO_4 直至 pH 为 1～2，用玻璃棒蘸取溶液滴在 pH 试纸上进行检测。此时溶液变为绿色（考虑其原因）。

注意：（1）由下式求 100 mL 含铬废水中所含的 CrO_3 质量，再乘以 16，估算所需 $FeSO_4\cdot 7H_2O$ 晶体的质量。

$$m(CrO_3)=2c(Cr_2O_7^{2-})V(Cr_2O_7^{2-})M(CrO_3)$$

（2）在用铁氧体法处理含铬废水时，$FeSO_4\cdot 7H_2O$ 的加入量应为废水中 CrO_3 含量的 13.9倍，考虑到氧化剂 H_2O_2 的作用、铁氧体组成中相应的 Fe^{2+} 及硫酸亚铁的纯度等问题，$FeSO_4\cdot 7H_2O$ 晶体的实际用量要适当选择更大一些，一般以 $FeSO_4\cdot 7H_2O$ 的加入量为废水中 CrO_3 含量的 16 倍为宜。

2. 氢氧化物沉淀的生成

向上述溶液中逐滴加入 6 mol·L^{-1} NaOH 溶液，调节 pH 值为 7～8（当 pH<8 时，Fe^{2+} 不会沉淀；pH>8 时，加入 H_2O_2 后，可使部分 Cr^{3+} 氧化为 $Cr_2O_7^{2-}$。然后将溶液加热至 70℃左右，形成 Fe_3O_4 的最佳温度为 65～70℃），再加入 6～10 滴 3% H_2O_2 溶液，使部分亚铁离子被氧化为+3 价，冷却静置，使 Fe^{3+}，Fe^{2+}，Cr^{3+} 形成的氢氧化物沉淀沉降下来，最后用漏斗过滤或抽滤。

3. 水质检验

（1）比色用的标准 $K_2Cr_2O_7$ 溶液的配制。分别准确量取 10 mg·L^{-1} 的标准 $K_2Cr_2O_7$ 溶液 1.0 mL，2.0 mL，3.0 mL，4.0 mL，5.0 mL 于 50 mL 比色管中，各加入约 30 mL 去离子水和 2.5 mL 二苯碳酰二肼溶液，稀释至刻度，摇匀，待用。

（2）处理后水中+6 价铬的检验。取实验内容 2 中的滤液 40 mL 于 50 mL 比色管中，加入 2.5 mL 二苯碳酰二肼，再加入滤液至刻度，摇匀。放置 10 min（因为二苯碳酰二肼和+6 价铬的配合反应速度较慢）。然后与步骤（1）中配好的 $K_2Cr_2O_7$ 标准溶液进行目视比色，确定处理后水中＋6 价铬的含量。

【思考题】

(1)含铬废水有哪些危害？处理方法有哪些？

(2)处理后水样中铬的质量浓度是多少？是否符合水质标准？

实验十　钢铁零件氧化发蓝处理

【实验目的】

(1)了解碱性发蓝的原理与方法；

(2)了解零件表面化学除锈和除油过程；

(3)基本掌握钢铁零件的发蓝处理。

【实验原理】

钢铁制品经常会受到腐蚀，因此要进行防腐处理。发蓝处理是其中的一种方法。发蓝是用化学方法，把钢铁制品放在热的氧化性溶液中煮沸一定时间，使钢铁制品表面形成一层致密的、由磁性氧化铁组成的黑色和蓝黑色的氧化膜，这层氧化膜具有较强的抗腐蚀能力，这一过程称为发蓝处理。生成的氧化膜(磁性 Fe_3O_4)组织致密，能与金属表面牢固地结合，而且色泽美观，有较大的弹性和润滑性，能防止金属锈蚀。

现代工业上钢铁发蓝采用高温型和常温型两种工艺，通常采用高温型工艺。即将钢铁零件放入 NaOH 和 $NaNO_2$ 浓溶液中，加热一段时间，即可得到氧化膜。相关反应式为：

$$3Fe + NaNO_2 + 5NaOH = 3Na_2FeO_2 + NH_3 + H_2O$$

$$3Na_2FeO_2 + NaNO_2 + 5H_2O = 3Na_2Fe_2O_4 + NH_3 + 7NaOH$$

$$Na_2FeO_2 + Na_2Fe_2O_4 + 2H_2O = Fe_3O_4 + 4NaOH$$

待发蓝处理的零件表面必须光洁，不得有油脂、金属氧化物或其他污染物，以免在发蓝过程中生成不均匀、不连续的氧化膜，甚至生不成氧化膜。因此，必须对发蓝零件表面进行处理。零件表面处理包括机械清理、除油和酸洗。

【实验用品】

仪器：发蓝槽(见图 4－1)、烧杯、电炉。

试剂：NaOH、$NaNO_2$、$NaNO_3$(以上药品工业纯即可)、肥皂、机油、铁粉、NaOH(10%)、HCl(20%)、$CuSO_4$(3%)、H_2SO_4(0.2%)、酚酞(0.1%酒精溶液)。

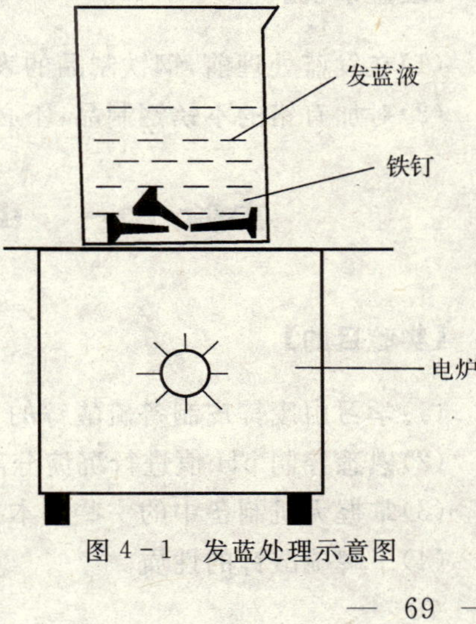

图 4－1　发蓝处理示意图

【实验内容】

1. 配制发蓝溶液

称取 30 g NaOH 于烧杯中，加 30 mL 水溶解，再慢慢加入 9 g $NaNO_2$ 和 5 g $NaNO_3$，使其溶解，再加水

20 mL，然后再加入一些洗净的铁粉，并加热至沸腾(约 138～150℃)，待用。

2. 零件表面的预处理

取待发蓝零件(缝衣针、铁片或铁钉等)，用细砂纸仔细擦拭，直至表面光洁。然后，在质量分数为 10%的碱液中煮沸 10～20 min，取出后用清水洗涤，除净碱液。再把零件放入质量分数为 20%的 HCl 溶液中浸泡 5～10 min 后取出，洗净残液。

3. 发蓝处理

把零件浸入煮沸的发蓝液中 30 min，同时不停转动零件以使氧化膜均匀。取出后，在表面上即有一层蓝黑色的氧化膜。若没有氧化膜，表明油污未除净，须重新进行预处理，或调整发蓝液成分。

4. 后处理

(1)清洗。把经过发蓝处理的零件立即用冷水冲洗，以洗去表面沾有的发蓝液(是否冲洗干净，可用浸有酚酞溶液的滤纸条贴在零件上，呈红色则未洗干净)。

(2)皂化。把零件浸入质量分数为 30%～50%的热肥皂水中(控制温度为 80～90℃) 5 min左右，进行皂化处理，易提高氧化膜的抗蚀性。然后立即用热水冲洗除去残液，晾干或烘干。

(3)浸油。把零件浸在 105～110℃的机油中处理 5～10 min，形成一层薄油膜，提高氧化膜的抗蚀力，并增强美观(为提高浸油效果通常在油中加 5%的凡士林)。取出后放置 10 min，使沾附的油液洗净后再擦干表面即可。经过这样处理的钢铁制品表面呈蓝黑色而且均匀致密。

5. 氧化膜的质量检查

(1)外观色泽检查。根据工件材料的不同，氧化膜可以是深蓝色、蓝黑色，铸铁工件和高合金工件可呈棕黑色。

(2)致密性检查。把经过发蓝处理的制品浸入质量分数为 2%的硫酸铜溶液中，在室温下浸半分钟后取出，观察表面是否有红色的铜析出。如没有铜析出，则发蓝有效。

(3)抗蚀性检查。把未皂化浸油的工件浸到质量分数为 0.2% H_2SO_4溶液中 2 min 后，用水清洗，工件表面应保持氧化色不变。

【注意事项】

(1)在发蓝处理前，钢铁制品的表面一定要洗净。

(2)对加有铬的不锈钢制品，不必做发蓝处理，因为铬本身就起到抗腐蚀作用。

实验十一　由废旧电池锌皮制备硫酸锌

【实验目的】

(1)学习由废锌皮制备硫酸锌的方法；

(2)熟悉控制 pH 值进行沉淀分离——除杂质的方法；

(3)掌握无机制备中的一些基本操作及对比检查；

(4)了解硫酸锌的性质。

【实验原理】

锌锰干电池上的锌皮，既是电池的负极，又是电池的壳体。电池报废后，锌皮一般仍大部分留存，将其回收利用，既能节约资源，又能减少对环境的污染。

锌是两性金属，能溶于酸或碱。在常温下，锌片和碱的反应极慢，而锌与酸的反应则快得多。本实验采用稀硫酸溶解回收的锌皮以制取硫酸锌：

$$Zn + H_2SO_4 \rightarrow ZnSO_4 + H_2\uparrow$$

此时，锌皮中含有的少量杂质也能同时溶解，生成硫酸亚铁：

$$Fe + H_2SO_4 \rightarrow FeSO_4 + H_2\uparrow$$

因此，在所得的硫酸锌溶液中，先用过氧化氢将 Fe^{2+} 氧化为 Fe^{3+}：

$$2FeSO_4 + H_2O_2 + H_2SO_4 \rightarrow Fe_2(SO_4)_3 + 2H_2O$$

然后用 NaOH 调节溶液的 pH＝8，使 Zn^{2+}，Fe^{3+} 生成氢氧化物沉淀：

$$2ZnSO_4 + 2NaOH \rightarrow Zn(OH)_2\downarrow + Na_2SO_4$$

$$Fe_2(SO_4)_3 + 6NaOH \rightarrow 2Fe(OH)_3\downarrow + 3Na_2SO_4$$

再加入稀硫酸，控制溶液 pH＝4.0～4.5，此时氢氧化锌溶解而氢氧化铁不溶解，可过滤除去。最后将滤液酸化、蒸发浓缩、结晶，即得 $ZnSO_4 \cdot 7H_2O$ 晶体。

【仪器药品】

仪器：台秤、普通漏斗、布氏漏斗、抽滤瓶、蒸发皿、pH 试纸、滤纸。

药品：H_2SO_4（2 mol · L^{-1}），HNO_3（2 mol · L^{-1}），HCl（2 mol · L^{-1}），NaOH（2 mol · L^{-1}），$AgNO_3$（0.1 mol · L^{-1}），KSCN（0.5 mol · L^{-1}），H_2O_2（质量分数为 3%）。

【实验内容】

1.锌皮的回收及处理

拆下废电池的锌皮（一个一号废电池，锌皮如无严重腐蚀，可供两人实验），锌皮表面可能有氧化锌、氯化铵及二氧化锰等杂质，应先用水刷洗除去。锌皮上还可能沾有石蜡、沥青等有机物，用水难以洗净，但它们不溶于酸，可在锌皮溶于酸后过滤除去。将锌皮剪成细条状，备用。

2.锌的溶解

称取处理好的锌皮 5 g，加入适量 2 mol · L^{-1} H_2SO_4（加入体积在实验前计算好），加热，待反应较快时停止加热。反应完毕，用表面皿盖好，放置过夜或放到下次实验。过滤，滤液盛在 400 mL 烧杯中。

3.$Zn(OH)_2$的生成

将滤液加热近沸，加入 3% H_2O_2 溶液 10 滴，在不断搅拌下滴加 2 mol · L^{-1} NaOH 溶液，逐渐有大量白色 $Zn(OH)_2$ 沉淀生成。当加入 NaOH 溶液约 20 mL 时，加水 150 mL，充分搅匀。在不断搅拌下，继续滴加 NaOH 至溶液 pH＝8 为止。用布氏漏斗减压过滤，取后期滤液 2 mL，加 2 mol · L^{-1} HNO_3 溶液 2～3 滴、0.1 mol · L^{-1} $AgNO_3$ 溶液 2～3 滴，振荡试管，观察现象（用蒸馏水代替滤液作对照实验）。如有混浊，说明沉淀中含有可溶性杂质，须用蒸馏水洗涤（淋洗），直至滤液中不含 Cl^- 为止，弃去滤液。

4. $Zn(OH)_2$的溶解及除铁

将$Zn(OH)_2$沉淀转移至烧杯中，另取 2 mol·L^{-1} H_2SO_4溶液滴加到$Zn(OH)_2$沉淀中去(不断搅拌)，当有溶液出现时，小火加热，并继续滴加硫酸，控制溶液 pH=4(注意：后期加酸要缓慢，当溶液的 pH=4.0～4.5 时，即使还有少量白色沉淀未溶，也不再加酸，加热、搅拌，沉淀自会逐渐溶解，共约加硫酸 30 mL)。

将溶液加热至沸，促使Fe^{3+}水解完全，生成$Fe(OH)_3$沉淀，趁热过滤，弃去沉淀。

5. 蒸发、结晶

在除铁后的滤液中，滴加 2 mol·L^{-1} H_2SO_4，使溶液 pH=2，将其转入蒸发皿中，在水浴上蒸发、浓缩至液面上出现晶膜。自然冷却后，用布氏漏斗减压过滤，将滤饼放在两层滤纸间吸干，称量并计算产率。

6. 产品检验

产品质量检验的实验现象与实验室提供的试剂“标准”进行对比：

称取制得的$ZnSO_4 \cdot 7H_2O$晶体 1 g，加水 10 mL 使之溶解，将其均分于两只试管中，进行下述实验：

(1)Cl^-的检验。在一只试管中，加入 2 mol·L^{-1} HNO_3溶液 2 滴和 0.1 mol·L^{-1} $AgNO_3$溶液 2 滴，摇匀，观察现象并与“标准”进行比较。

(2)Fe^{3+}的检验。在另一只试管中，加入 2 mol·L^{-1} HCl 溶液 5 滴和 0.5 mol·L^{-1} KSCN 溶液 2 滴，摇匀，观察现象并与“标准”进行比较。

根据上面检验比较的结果，评定产品中Cl^-，Fe^{3+}的含量是否达到试剂标准。

相关氢氧化物沉淀的 pH 值见表 4-2。

表 4-2　相关氢氧化物沉淀的 pH 值

氢氧化物名称	开始沉淀时的 pH 值		沉淀完全时的 pH 值
	初始浓度 1 mol·L^{-1}	初始浓度 0.01 mol·L^{-1}	
$Fe(OH)_3$	1.5	2.2	3.2
$Zn(OH)_2$	5.5	6.5	7.8
$Fe(OH)_2$	6.5	7.5	9.0

【思考题】

(1)本实验若不经过$Zn(OH)_2$的生成及溶解除铁，而是采用控制加 NaOH 的量进行分步沉淀，一次性制备硫酸锌，该工艺是否可行，为什么？

(2)试设计从废干电池中回收氯化铵的实验方案。

第5章　设计性实验

在基础性实验和综合性实验的基础上进行设计性实验，主要是培养学生分析问题、解决问题的思维能力，提高学生面对生产和生活中的一些实际化学问题设计解决方案并加以实施的综合素质。设计实验与基本实验和综合实验在内容、形式和要求上都有较大区别。本章所选的设计性实验，仅给出主体要求和相关提示，由学生自己分析，查阅相关资料，设计实验方案，经教师审阅修改后，再由学生独立完成，最后写出实验报告。

实验十二　不同溶液中铜的电极电势

【实验导读】

1. 电极电势与电动势

把金属放在其盐溶液中，在金属与其盐溶液的接触界面上就会发生两个不同的过程：一个是金属表面的正离子受极性水分子的吸引而进入溶液；另一个是溶液中的水合金属离子受到金属表面自由电子的吸引而重新沉积在金属表面，当溶解与沉积速率相等时，即达到动态平衡。动态平衡时，金属表面聚集了金属溶解时留下的自由电子而带负电，溶液则因金属离子的进入而带正电。这样，由于正、负电荷相互吸引的结果，在金属表面与其接触的液面间形成了由带正电荷的金属离子和带负电荷的电子所构成的双电层。双电层之间产生了电势差。金属与其盐溶液接触界面之间的电势差，实际上就是该金属与其盐溶液中相应金属离子所组成的氧化还原电对的平衡电极电势。用符号 E 表示。

金属越活泼，溶解成离子的倾向越大，其离子沉积的倾向越小，达到平衡时，电极上负电荷就越多，电极电势也就越低，反之，电极电势就越高。

2. 电极电势的影响因素

室温下，电极电势的高低，取决于电极的本性、溶液中参加电极反应的离子的浓度和溶液的性质等。

(1)浓度的影响。由能斯特(Nernst)方程可知，溶液中离子浓度的变化(如生成沉淀或形成配离子)将影响电极电势的数值。对于电极反应：

$$a\,\text{氧化态} + ne \rightleftharpoons b\,\text{还原态}$$

则有

$$E = E^{\ominus} - \frac{RT}{nF}\ln\frac{[\text{还原态}]^b}{[\text{氧化态}]^a} \tag{5-1}$$

当 $T = 298.15$ K 时，有

$$E = E^{\ominus} - \frac{0.059}{n}\lg\frac{[\text{还原态}]^b}{[\text{氧化态}]^a} \tag{5-2}$$

从 Nernst 方程可以看出，氧化态物质浓度增大或还原态物质浓度减小，都使电极电势增大，反之使电极电势减小。

例如，对于银电极反应 $Ag^+ + e \rightleftharpoons Ag(s)$，$E^{\ominus}(Ag^+/Ag) = +0.79$ V，若将银电极放在 $AgNO_3$ 中，如加入 NaCl，最后使溶液中 $c(Cl^-) = 1\ mol \cdot L^{-1}$，则 25℃银电极的电极电势为

$$E(Ag^+/Ag) = E^{\ominus}(Ag^+/Ag) + \frac{0.059}{n} \lg c(Ag^+) \qquad (5-3)$$

在 $AgNO_3$ 中加入 NaCl 形成 AgCl 沉淀，因

$$K_{sp}(AgCl) = 1.6 \times 10^{-10}$$

此时

$$c(Ag^+) = \frac{1.6 \times 10^{-10}}{1} = 1.6 \times 10^{-10}\ mol \cdot L^{-1}$$

因此

$$E(Ag^+/Ag) = 0.79 + \frac{0.059}{1} \lg (1.6 \times 10^{-10}) = 0.22\ V$$

由于产生 AgCl 沉淀，$c(Ag^+)$ 减小，$E(Ag^+/Ag)$ 也下降。

(2)介质的影响。有 H^+（或 OH^-）参加的电极反应，氢离子浓度的变化也会影响电极电势的数值，例如：

$$MnO_4^-(aq) + 8H^+(aq) + 5e \rightleftharpoons Mn^{2+}(aq) + 4H_2O(l)$$

当 $c(MnO_4^-) = c(Mn^{2+}) = 1\ mol \cdot L^{-1}$，pH=5，$E^{\ominus}(MnO_4^-/Mn^{2+}) = 1.49$ V 时，则有

$$E(MnO_4^-/Mn^{2+}) = 1.49 + \frac{0.059}{5} \lg 10^{-5} = 1.02\ V$$

$c(H^+)$ 对 $E^{\ominus}(MnO_4^-/Mn^{2+})$ 的影响是：当 $c(H^+)$ 从 1 $mol \cdot L^{-1}$ 降到 $10^{-5}\ mol \cdot L^{-1}$ 时，电极电势从 1.49 V 减小到 1.02 V，改变了 0.47 V，从而使 $KMnO_4$ 的氧化能力减弱，因此在酸性介质中 $KMnO_4$ 氧化能力较强。

电极电势除与浓度、介质有关外，还受温度的影响，测定电极电势的数值应在 25℃恒温下进行。

【实验目的】

应用学过的理论知识，在总结有关实验操作的基础上，设计可行的氧化还原反应实验装置，测定比较不同溶液中铜的电极电势高低。

【实验提要】

原电池由正、负两极组成，其电动势(E)等于两极的电极电势差，即

$$E = E_+ - E_- \qquad (5-4)$$

以(−)(Pt)Hg(l)|Hg_2Cl_2(s)|KCl(饱和)||Cu^{2+}(1 $mol \cdot L^{-1}$)|Cu(s)(+)原电池为例，E_- 为原电池中饱和甘汞电极的电极电势，E_+ 为原电池中铜电极的电极电势，E(饱和甘汞)= $E_+ - E$ = 0.241 5 V(25℃)，因此测得铜电极的电极电势为

$$E(Cu^{2+}/Cu) = E_+ = E + E(\text{饱和甘汞}) = E + 0.2415$$

理论上

$$E(Cu^{2+}/Cu)=E^{\ominus}(Cu^{2+}/Cu)+\frac{0.059}{2}\lg c(Cu^{2+}) \tag{5-5}$$

饱和甘汞电极的电极电势随温度略有改变，可按下式计算：

$$E(\text{饱和甘汞})=0.241\,5-0.000\,65(T-298.15) \tag{5-6}$$

本实验采用酸度计的 mV 档测定原电池的电极电势。

【实验内容】

本实验测定金属铜分别在 1 mol·L^{-1} $CuSO_4$，0.01 mol·L^{-1} $CuSO_4$ 溶液中和含有氨水的 $CuSO_4$ 溶液中的电极电势。

从理论上推导出不同浓度电解质溶液中 Cu 的电极电势的高低次序，并与实验结果相比较。

(1)由实验室准备好的 1 mol·L^{-1} $CuSO_4$ 溶液配制 0.01 mol·L^{-1} $CuSO_4$ 溶液；

(2)制备本实验所需的含有氨水的 $CuSO_4$ 溶液；

(3)画出实验装置示意图，写出实验步骤及所需仪器；

(4)计算 Cu 在上述三种溶液中的电极电势值，与实验结果比较，并分析数据不一致的原因。

实验十三　电离平衡与沉淀反应

【实验导读】

在工农业生产、科学研究以及日常生活中，许多化学反应都是在水溶液中进行的。参与这些反应的物质主要是酸、碱和盐等电解质，因而了解电解质在水溶液中的反应规律是非常有意义的。

锅炉或蒸气管内钢垢的存在，不仅阻碍传热、浪费燃料，而且还有可能引起爆裂，造成事故。锅垢的主要组分 $CaSO_4$ 沉淀不溶于酸，难以除去，但可以用 Na_2CO_3 溶液处理，使其转化成更难溶的 $CaCO_3$ 沉淀，由于 $CaCO_3$，沉淀易溶于稀酸，因此可用“酸洗”除去。

用盐酸清洗锅炉内或其他器械上的附着物(难溶电解质)，就是利用 H^+ 和难溶物解离出来的 $CO_3{}^{2-}$ 或 OH^- 等生成 H_2CO_3(进一步分解成 CO_2 和 H_2O)或 H_2O 等弱酸弱碱，使溶液中 $c(CO_3^{2-})$或 $c(OH^-)$与金属离子浓度的乘积小于该难溶物的溶度积而使其溶解的。

对于某些要求较高的锅炉给水，往往在给水进入高炉前用 Na_2CO_3 处理后，再用 Na_3PO_4 补充处理。因为 $Ca_3(PO_4)_2$ 的 K_{sp} 值为 2.07×10^{-33}，其溶解度为 1.92×10^{-7} mol·L^{-1}，比 $CaCO_3$ 更难溶，更易生成 $Ca_3(PO_4)_2$ 沉淀而除去。

环境保护中常用可溶性氢氧化物或其他沉淀剂来去除工业废水中的 Cr^{3+}，Zn^{2+}，Pb^{2+}，Cd^{2+} 等有害物质。因为 OH^- 等沉淀剂的有关离子和各有害的金属离子浓度乘积大于其溶度积，进而能生成难溶的金属氢氧化物或其他难溶沉淀物。

通过本实验可以了解难溶电解质溶液中的多相离子平衡及溶度积规则，从而进一步将沉淀反应的性质应用于制备材料、分离杂质、处理污水和鉴定离子等。

【实验目的】

根据所学电离平衡与沉淀反应的有关知识，设计合理的实验方案达到以下目的：
(1)验证同离子效应和盐效应；
(2)去除蒸馏水器中的水垢；
(3)分离水中所含的几种金属离子；
(4)去除废水中的有害物质。

【实验提要】

弱电解质溶液中加入含有相同离子的另一强电解质时，使弱电解质的解离程度降低，这种效应称为同离子效应。

对于弱酸及其盐或弱碱及其盐的混合溶液，当将其稀释或在其中加入少量的酸或碱时，溶液的 pH 值改变很少，这种溶液称为缓冲溶液。缓冲溶液的 pH 值(以 HAc 和 NaAc 为例)计算公式为

$$pH = pK_a^{\ominus} - \lg \frac{c(\text{酸})}{c(\text{盐})} = pK_a^{\ominus} - \lg \frac{c(HAc)}{c(Ac^-)} \qquad (5-7)$$

在难溶电解质的饱和溶液中，未溶解的难溶电解质和溶液中相应的离子之间建立了多相离子平衡。例如在 PbI_2 饱和溶液中，建立了如下平衡：

$$PbI_2(s) \rightleftharpoons Pb^{2+}(aq) + 2I^-(aq)$$

其平衡常数的表达式为

$$K_{sp} = c(Pb^{2+})c(I^-)^2 \qquad (5-8)$$

式中，K_{sp} 称为溶度积。

根据溶度积规则可判断沉淀的生成和溶解，当将 $Pb(Ac)_2$ 和 KI 两种溶液混合时，如果：

$c(Pb^{2+})c(I^-)^2 > K_{sp}^{\ominus}$，溶液过饱和，有沉淀析出；

$c(Pb^{2+})c(I^-)^2 = K_{sp}^{\ominus}$，饱和溶液；

$c(Pb^{2+})c(I^-)^2 < K_{sp}^{\ominus}$，溶液未饱和，无沉淀析出。

使一种难溶电解质转化为另一种难溶电解质，即把一种沉淀转化为另一种沉淀的过程称为沉淀的转化，对于同一种类型的沉淀，溶度积大的难溶电解质易转化为溶度积小的难溶电解质。对于不同类型的沉淀，能否进行转化，要具体计算溶解度。

【实验内容】

(1)实验室制备蒸馏水常用蒸馏水器，由于自来水的水质较差，在制备过程中蒸馏水器内部结垢的现象非常明显，尤其是使用频次较高的时候，需要经常清理水垢以保证正常使用。请利用沉淀的转换和溶解设计合理的实验方案，清除蒸馏水器中的水垢。

(2)利用不同离子形成氢氧化物沉淀和沉淀完全时溶液 pH 值的差异，可将不同的离子进行分离。请设计合理的实验方案，分离溶液中所含的 Fe^{3+}，Ni^{2+}，Cr^{3+} 等离子。

(3)环境保护中常用可溶性氢氧化物或其他沉淀剂来去除工业废水中的 Cr^{3+}，Zn^{2+}，Pb^{2+}，Cd^{2+} 等有害物质。因为 OH^- 等沉淀剂的有关离子和各有害的金属离子浓度乘积大于其溶度积，进而能生成难溶的金属氢氧化物或其他难溶沉淀物。请设计合理的实验方案，除去

废水中的有害物质。

(4)根据实验室所提供的药品和试剂，设计出合理的实验，验证同离子效应和盐效应，并说明缓冲溶液的作用。

【思考题】

(1)同离子效应与缓冲溶液的原理有何异同?

(2)举例说明如何抑制或促进水解。

(3)是否一定要在碱性条件下，才能生成氢氧化物沉淀? 不同浓度的金属离子溶液，开始生成氢氧化物沉淀时，溶液的 pH 值是否相同?

实验十四　超市家用化学

【实验导读】

“化学品”这个词经常被公众所误解、误用和理解成相反的含义，以至使科学教育者建议把这个词逐渐淘汰，而用较容易接受的词如“物质”“产品”“材料”等所代替。为什么“化学品”是个不受欢迎的词? 让我们来进行一个“思考测验”，思考过程如下：

(1)仔细阅读下面这段话，它是美国 McMastef 大学的化学教学带头人 R. J. Gillespie 教授向美国化学会刊物《化学与工程通报》写的一封信中的一段话：

“世界上存在着许多毒性和非毒性的物质、气味好闻和气味难闻的物质、有营养和无营养的物质、有机和无机物质等等。世界上(也)存在着许多不同类型的物质，例如，塑料、杀菌剂、清洗剂、药物、麻醉剂、染料、颜料、蛋白质、碳氢化合物和碳水化合物。”

(2)测验一下我们自己的想法、体会和感觉。Gillespie 教授是否给我们留下需要领悟的问题? 你是否感觉到他没有告诉我们所有列举的物质的实质? 或者我们是否感到这里所用的词汇大部分和教师在课堂上所讲的一样?

(3)现在让我们巧妙地用“化学品”这个词代替“物质”这个词后，再读一遍这段话。

(4)我们是否体会到：“物质”这个词是较熟悉和温和的，一般来说，它是可被接受的。而“化学品”这个词则不然，使我们总是感觉与“有害”这个词有相关之嫌。

在我国“化学品”这个词不受欢迎，是一种社会现象。人民大众虽然认识到现代生活、社会发展和国家富强离不开化学，但还是把环境污染、生态平衡的破坏、臭氧层的破坏、酸雨、癌症发病率的增加都归罪于“化学品”，并没有认识到问题不在于“化学品”的本身，而是造成这种灾难的人为因素，也没有认识到我们本身可以利用化学这个“变化的学科”去解决这些难题。如果此实验能使我们对这个问题的认识有所提高，即对化学学科的重要地位有所认识，也就达到了本实验的目的之一。

【实验目的】

应用所学理论知识，对超市中常见的家用化学品成分进行鉴别和分离，从而正确认识生活中的“化学品”。

【实验提要】

1. 实验试样

本实验所鉴别的物质都是一般家用的化学品，即食盐($NaCl$，氯化钠)，弱催眠剂(KBr，溴化钾)，苏打($NaHCO_3$，碳酸氢钠)，泻盐($MgSO_4 \cdot 7H_2O$，七水硫酸镁)，漂白剂($NaClO$，次氯酸钠溶液)，花草助长物质(肥料铵、钾和钙的氮、磷等化合物的混合物，一般还有选择性地共混一些有机原料，如泥炭沼等)。

思考：上述六种物质各属于哪种类型的物质(离子化合物，共价化合物，还是混合物)？

2. 安全事项

(1)银溶液会玷污皮肤和衣服，这些污斑当时看不出来，而第二天就会出现。在使用银溶液时一定要多加小心。

(2)银-氨溶液很不稳定，易爆炸，一般要避光存放。

(3)加酸到家用漂白液中，开始产生两种气体：次氯酸($HClO$)和氯气(Cl_2)。这两种气体是比漂白液本身更强的氧化物。操作时特别要注意，一定要在通风橱中进行。

【实验内容】

1. 氯化钠($NaCl$)

氯化钠是可溶性盐。其液体中含有 Na^+ 和 Cl^-。通过焰色反应和银镜反应可以对这两种离子进行鉴定。

2. 溴化钾(KBr)

像 $NaCl$ 一样，KBr 也是一种可溶性盐，其溶液中含有 K^+ 和 Br^-。

思考：在测试 KBr 晶体的方法中，哪些方法是与测试 $NaCl$ 相同的？哪些则不同？

3. 碳酸氢钠($NaHCO_3$)

$NaHCO_3$ 也是可溶性盐，溶液中的离子是 Na^+ 和 HCO_3^-。HCO_3^- 可与酸反应生成 CO_2，如果在加酸前先加入少量肥皂和一种指示剂(溴代百里酚蓝)，结果会相当引人注目。

思考：应观察到什么现象？

4. 硫酸镁($MgSO_4 \cdot 7H_2O$)

$MgSO_4 \cdot 7H_2O$ 是另一种可溶性盐。当含有 Mg^{2+} 和 SO_4^{2-} 的溶液被蒸发干时，水分子也存在于晶体中的离子晶格里，并不是无规则地留在其中，而是像离子本身一样有序地排列着。当固体溶解在水中时，晶体晶格被破坏，同时晶格中的水分子也自由了，这时溶液中只含有 Mg^{2+} 和 SO_4^{2-}。泻盐大约含有 50% 的水，当这种化合物被加热时，将会失掉水。检验步骤如下：

(1)硫酸根离子可以和可溶性的钡盐(注意：可溶性钡盐的毒性较大)反应。在 1 mol 水中溶解很少量的 $MgSO_4 \cdot 7H_2O$，然后分成两份于两只试管中，向其中一只试管中加入 5 滴 $0.2\ mol \cdot L^{-1}$ 硝酸钡。

(2)镁离子与氢氧根离子反应较困难，即便有的反应能生成半透明的沉淀，那也很难用肉眼看到。染料可吸附在新鲜的氢氧化镁沉淀上，因而这种化合物经常被用于纺织工业，帮助染料与纤维之间的结合。加一滴“镁试剂”(对硝基苯偶氮间苯二酚)于另一只试管，然后再滴加 $0.2\ mol \cdot L^{-1}$ $NaOH$ 溶液。

思考：两步反应观察到的现象。

5. 次氯酸钠(NaClO)

NaClO 是离子化合物，含 Na^+ 和 ClO^-，具有较强的氧化能力。能被其氧化的化合物之一是 KBr，如果向这个反应溶液中再加 CH_2Cl_2(二氯甲烷)溶剂，思考有什么现象出现？

6. 草坪肥料

草坪肥料一般是由钙盐、硝酸钾或胺及其他胺盐和泥浆沼混合而成，可用下列检验方法进行组成的定性检验：

用蒸馏水把一条润湿的 pH 试纸放在一边。准备一只烧杯，取最热的开水，放 0.25 g 肥料于试管中，用移液管把 1 mL 10% NaOH 溶液放到试管底部，不要把 NaOH 沾到试管壁上。立即把润湿的试纸放在试管口上，再把试管放到热水中。

思考：用什么方法可以证实肥料样是一个混合物，而不是化合物或单质？

【思考题】

通过对几种常用简单检测方法的温习和某些化学品的安全使用，请再次体会一下"化学品"这个词，进而给出有关认识化学学科的结论性描述。

实验十五　一组计算机模拟实验

【实验目的】

通过计算机模拟的方式，了解某些无机测定的原理和方法。

【实验内容】

1. 阿伏伽德罗常量的测定

了解电解法测定阿伏伽德罗常量的原理和方法，学习电解操作。

2. 原电池

通过锌铜原电池，了解原电池的工作原理和电化学的基本知识。

3. 结晶学初步

通过对各种模型的操作，初步了解晶体的基本结构特点。

4. C_{60}

了解 C_{60} 的发现、制备和结构特点。

5. 酸碱滴定分析

通过模拟，正确掌握滴定分析的操作方法。

第6章 实验记录及实验报告

6.1 实验记录及报告

1. 实验记录

实验中会出现各种现象和测得各种数据，应仔细观察并及时地记录在记录本上，记录应做到简明扼要、字迹整洁、实事求是，记录还须注明实验日期、时间和同组人。实验结束后，立即送教师审阅，如果实验结果达不到要求，应认真分析，找出原因，必要时须重做实验。

2. 实验报告

实验报告是总结实验情况，分析实验中出现的问题，归纳总结实验结果必不可少的环节，因此实验完毕后，应及时如实写出实验报告。内容包括以下几个方面：

(1)实验目的；

(2)实验原理；

(3)实验仪器及药品；

(4)主要装置图；

(5)实验步骤；

(6)数据处理；

(7)讨论(写出实验心得及意见、建议)。

6.2 实验报告示例

6.2.1 化学反应热效应的测定

姓　名____________　同组人____________　日　期____________

年　级____________　专　业____________　学　号____________

成绩	预习(7分)	操作(5分)	卫生纪律(2分)	报告(6分)	总分(20分)	教师签字

一、实验目的

二、实验原理

三、实验思考题

(1)实验中所用 Zn 粉为何只须用台秤称取？为什么 $CuSO_4$用移液管量取？

(2)试计算 100.00 mL 0.200 0 mol · L^{-1}溶液完全反应所须加 Zn 粉的量。

(3)试比较作图外推法和测热容直接计算法与理论值偏差的大小，并分析其主要原因。

四、实验内容

(1)Zn 与 $CuSO_4$ 反应焓变的测定。

(2)量热器热容的测定。

五、实验结果记录及作图

六、实验结果与讨论(重在误差分析)

6.2.2　溶液中的离子平衡

姓　名____________　　同组人____________　　日　期____________

年　级____________　　专　业____________　　学　号____________

成绩	预习(7 分)	操作(5 分)	卫生纪律(2 分)	报告(6 分)	总分(20 分)	教师签字

一、实验目的

二、实验原理

(1)弱电解质解离平衡及平衡移动。

(2)难溶电解质溶解平衡。

三、预习思考题

(1)什么叫同离子效应？它对弱电解质和难溶电解质有何影响？

(2)沉淀生成和溶解的条件是什么？

四、实验内容

实验过程	实验现象	现象解释与反应方程式

第7章　常用溶液的配制

按照溶液浓度的准确程度，浓度较粗略的称为非标准溶液，而浓度较准确的，一般为四位有效数字，称为标准溶液。

1. 非标准溶液

(1)直接水溶法。对一些易溶于水而不易水解的固体试剂，如 KNO_3，KCl，NaCl 等，先算出所需固体试剂的量，用台秤或分析天平称出所需量，放入烧杯中，以少量蒸馏水搅拌使其溶解后，再稀释至所需的体积。若试剂溶解时有放热现象，或以加热促使其溶解的，应待其冷却后，再移至试剂瓶或容量瓶，贴上标签备用。

(2)介质水溶法。对易水解的固体试剂，如 $FeCl_3$，$SbCl_2$，$BiCl_3$ 等。配制其溶液时，称取一定量的固体，加入适量的酸(或碱)使之溶解。再以蒸馏水稀释至所需体积，摇匀后转入试剂瓶。在水中溶解度较小的固体试剂如固体 I_2，可选用 KI 水溶液溶解，摇匀转入试剂瓶。

(3)稀释法。对于液态试剂，如盐酸、硫酸等，配制其稀溶液时，用量筒量取所需浓溶液的量，再用适量的蒸馏水稀释。配制硫酸溶液时，须特别注意，应在不断搅拌下将浓硫酸缓缓倒入盛水的容器中，切不可颠倒操作顺序。

易发生氧化还原反应的溶液，如 Fe^{2+} 溶液，为防止其在保存期间失效，应在溶液中放入一些 Fe 粉。

见光容易分解的溶液要注意避光保存，如 $AgNO_3$，$KMnO_4$，KI 等溶液应储于棕色容器中。

2. 标准物质

标准物质的定义表述为：已确定其一种或几种特性，用于校准测量器具、评价测量方法或确定材料特性量值的物质。目前，我国的化学试剂中只有滴定分析基准试剂和 pH 基准试剂属于标准物质。

基准试剂可用于直接配制标准溶液或用于标定溶液浓度。标准物质的种类很多，实验中还会使用一些非试剂类的标准物质，如纯金属、药物、合金等。

3. 标准溶液

标准溶液是已确定其主体物质浓度或其他特性量值的溶液。化学实验中常用的标准溶液有滴定分析用标准溶液、仪器分析用标准溶液和 pH 测量用标准缓冲溶液。其配制方法如下：

(1)由基准试剂或标准物质直接配制。用分析天平或电子天平准确称取一定量的基准试剂或标准物质，溶于适量的水中，再定量转移到容量瓶中，用水稀释至刻度。根据称取的质量和容量瓶的体积，计算它的准确浓度。

(2)标定法。很多试剂不宜用直接法配制标准溶液，而要用间接的方法，即标定法。先配制出近似所需浓度的溶液，再用基准试剂或已知浓度的标准溶液标定其准确浓度。

(3)稀释法。用移液管或滴定管准确量取一定体积的浓标准溶液，放入适当的容量瓶中，用溶剂稀释到刻度，得到所需浓度较低的标准溶液。

4. 缓冲溶液

许多化学反应要在一定的 pH 条件下进行。缓冲溶液就是一种能抵御少量强酸、强碱和水的稀释而保持体系 pH 基本不变的溶液。

表 7－1 为常见基准物质的干燥条件和应用。

表 7－1　常见基准物质的干燥条件和应用

基准物质名称	干燥条件	标定对象
碳酸氢钠	270～300℃	酸
碳酸钠	270～300℃	酸
硼　砂	含 NaCl 和蔗糖饱和溶液的干燥器中	酸
碳酸氢钾	270～300℃	酸
草　酸	室温空气中	碱或高锰酸钾
邻苯二甲酸氢钾	110～120℃	碱
重铬酸钾	140～150℃	还原剂
溴酸钾	130℃	还原剂
碘酸钾	130℃	还原剂
铜	室温干燥器中	还原剂
三氧化二砷	室温干燥器中	氧化剂
草酸钠	130℃	氧化剂
碳酸钙	110℃	EDTA
锌	室温干燥器中	EDTA
氧化锌	900～1 000℃	EDTA
氯化钠	500～600℃	硝酸银
氯化钾	500～600℃	硝酸银
硝酸银	180～290℃	氯化物

表 7－2 为常用标准缓冲溶液的配制。

表 7－2　常用标准缓冲溶液的配制

名　称	配　制	不同温度时的 pH 值					
草酸盐标准缓冲溶液	称 12.71 g 四草酸钾[$KH_3(C_2O_4)_2 \cdot 2H_2O$]溶于无二氧化碳的水中，稀释至 1 L，浓度为 0.05 mol·L^{-1}	0℃	10℃	20℃	25°C	30℃	40℃
		1.67	1.67	1.68	1.68	1.69	1.69
		50℃	60℃	70℃	80°C	90℃	
		1.71	1.72	1.74	1.77	1.79	

续 表

名称	配制	不同温度时的 pH 值					
酒石酸盐 标准缓冲溶液	25℃时，用无二氧化碳的水溶解酒石酸氢钾（$KHC_4H_4O_6$），并剧烈振摇至成饱和溶液	0℃	10℃	20℃	25℃	30℃	40℃
		—	—	—	3.56	3.55	3.55
		50℃	60℃	70℃	80^{0}C	90℃	
		3.55	3.56	3.58	3.61	3.65	
邻苯二甲酸盐 标准缓冲溶液	称取于 115.0℃干燥 2～3 h 的邻苯二甲酸氢钾 10.21 g，溶于无 CO_2 的蒸馏水，并稀释至 1 L，浓度为 0.05 mol·L^{-1}	0℃	10℃	20℃	25℃	30℃	40℃
		4.00	4.00	4.00	4.01	4.01	4.04
		50℃	60℃	70℃	80℃	90℃	
		4.06	4.09	4.13	4.16	4.21	
磷酸盐 标准缓冲溶液	分别称取在 115.0℃干燥 2～3 h的磷酸氢二钠 3.53 g 和磷酸二氢钾 3.39 g，溶于预先煮沸并迅速冷却的蒸馏水中，并稀释至 1 L	0℃	10℃	20℃	25℃	30℃	40℃
		6.98	6.92	6.88	6.86	6.85	6.84
		50℃	60℃	70℃	80℃	90℃	
		6.83	6.84	6.85	6.86	6.88	
硼酸盐 标准缓冲溶液	称取硼砂 3.80 g（注意：不能烘），溶于预先煮沸并迅速冷却的蒸馏水中，并稀释至 1 L。置聚乙烯塑料瓶中密闭保存	0℃	10℃	20℃	25℃	30℃	40℃
		9.46	9.33	9.22	9.18	9.14	9.06
		50℃	60℃	70℃	80℃	90℃	
		9.01	8.96	8.92	8.89	8.85	
氢氧化钙 标准缓冲溶液	在 25℃，用无二氧化碳的蒸馏水制备氢氧化钙的饱和溶液。存放时要防止空气中的二氧化碳的进入。若出现浑浊应弃去重新配制	0℃	10℃	20℃	25℃	30℃	40℃
		13.4	13.0	12.6	12.4	12.3	11.9
		50℃	60℃	70℃	80℃	90℃	
		11.7	11.4	—	—	—	

表 7－3 至表 7－7 为常用指示剂的配制。

表 7－3　酸碱指示剂

指示剂名称（浓度为 1 g·L^{-1}）	变色 pH 范围	颜色变化	配制方法
百里酚蓝	1.2～2.8 8.0～9.6	红至黄 黄至蓝	将 0.1 g 指示剂与 4.3 mL 0.05 mol·L^{-1} NaOH 溶液一起研匀，加水稀释成 100 mL
甲酚红	0.12～1.8	红至黄	将 0.1 g 指示剂溶于 90 mL 乙醇中，加水至 100 mL
甲基黄	2.9～4.0	红至黄	将 0.1 g 指示剂溶于 90 mL 乙醇中，加水至 100 mL
甲基橙	3.1～4.4	红至黄	将 0.1 g 甲基橙溶于 100 mL 热水

续表

指示剂名称(浓度为 1 g·L^{-1})	变色 pH 范围	颜色变化	配制方法
刚果红	3.0～5.2	蓝紫至红	将 0.1 g 刚果红溶于 100 mL 水
溴酚蓝	3.0～4.6	黄至蓝紫	将 0.1 g 溴酚蓝与 3 mL 0.05 mol·L^{-1} NaOH 溶液一起研匀,加水稀释至 100 mL
溴甲酚绿	3.8～5.4	黄至蓝	将 0.1 g 指示剂与 21 mL 0.05 mol·L^{-1} NaOH 溶液一起研匀,加水稀释至 100 mL
甲基红	4.8～6.0	红至黄	将 0.1 g 甲基红溶于 60 mL 乙醇中,加水至 100 mL
溴酚红	5.0～6.8	黄至红	将 0.1 g 指示剂溶于 90 mL 乙醇中,加水至 100 mL
溴甲酚紫	5.2～6.8	黄至紫	将 0.1 g 指示剂溶于 90 mL 乙醇中,加水至 100 mL
溴百里酚蓝	6.0～7.6	黄至蓝	将 0.1 g 指示剂溶于 50 mL 乙醇中,加水至 100 mL
中性红	6.8～8.0	红至黄橙	将 0.1 g 中性红溶于 60 mL 乙醇中,加水至 100 mL
酚　红	6.4～8.2	黄至红	将 0.1 g 指示剂溶于 90 mL 乙醇中,加水至 100 mL
甲酚红	7.0～8.8	黄至紫红	将 0.1 g 指示剂溶于 90 mL 乙醇中,加水至 100 mL
酚　酞	8.2～10.0	无色至淡红	将 1 g 酚酞溶于 90 mL 乙醇中,加水至 100 mL
百里酚酞	9.4～10.6	无色至蓝	将 0.1 g 指示剂溶于 90 mL 乙醇中,加水至 100 mL
茜素黄	10.1～12.1	黄至紫	将 0.1 g 茜素黄溶于 100 mL 水中

表 7-4　混合酸碱指示剂

指示剂名称	变色点	颜色		配制方法	备　注
		酸色	碱色		
甲基橙-靛蓝(二磺酸)	4.1	紫	绿	一份 1 g·L^{-1} 甲基橙溶液、一份 2.5 g·L^{-1} 靛蓝(二磺酸)水溶液	
溴百里酚绿-甲基橙	4.3	黄	蓝绿	一份 1 g·L^{-1} 溴百里酚绿钠盐溶液、一份 2 g·L^{-1} 甲基橙水溶液	pH＝3.5 黄 pH＝4.0 绿黄 pH＝4.3 浅绿

续表

指示剂名称	变色点	颜色		配制方法	备注
		酸色	碱色		
溴甲酚绿-甲基红	5.1	酒红	绿	三份 $1\ g \cdot L^{-1}$ 溴甲酚绿乙醇溶液、一份 $2\ g \cdot L^{-1}$ 甲基红乙醇溶液	
甲基红、亚甲基蓝	5.4	红紫	绿	两份 $1\ g \cdot L^{-1}$ 甲基红乙醇溶液、一份 $1\ g \cdot L^{-1}$ 亚甲基蓝乙醇溶液	pH=5.2 红紫 pH=5.4 暗蓝 pH=5.6 绿
溴甲酚绿-氯酚红	6.1	黄绿	蓝紫	一份 $1\ g \cdot L^{-1}$ 溴甲酚绿钠盐水溶液、一份 $1\ g \cdot L^{-1}$ 氯酚红钠盐水溶液	pH=5.8 蓝 pH=6.2 蓝紫
溴甲酚紫-溴百里酚蓝	6.7	黄	蓝紫	一份 $1\ g \cdot L^{-1}$ 溴甲酚紫钠盐水溶液、一份 $1\ g \cdot L^{-1}$ 溴百里酚蓝钠盐水溶液	
中性红-亚甲基蓝	7.0	紫蓝	绿	一份 $1\ g \cdot L^{-1}$ 中性红乙醇溶液、一份 $1\ g \cdot L^{-1}$ 亚甲基蓝乙醇溶液	pH=7.0 蓝紫
溴百里酚蓝-酚红	7.5	黄	紫	一份 $1\ g \cdot L^{-1}$ 溴百里酚蓝钠盐水溶液、一份 $1\ g \cdot L^{-1}$ 酚红钠盐水溶液	pH=7.2 暗绿 pH=7.4 淡紫 pH=7.6 深紫
甲酚红-百里酚蓝	8.3	黄	紫	一份 $1\ g \cdot L^{-1}$ 甲酚红钠盐水溶液、三份 $1\ g \cdot L^{-1}$ 百里酚蓝钠盐水溶液	pH=8.2 玫瑰 pH=8.4 紫
百里酚蓝-酚酞	9.0	黄	紫	一份 $1\ g \cdot L^{-1}$ 百里酚蓝乙醇溶液、三份 $1\ g \cdot L^{-1}$ 酚酞乙醇溶液	
酚酞-百里酚酞	9.9	无色	紫	一份 $1\ g \cdot L^{-1}$ 酚酞乙醇溶液、一份 $1\ g \cdot L^{-1}$ 百里酚酞乙醇溶液	pH=9.6 玫瑰 pH=10 紫

表 7-5　沉淀指示剂

指示剂名称	颜色变化		配制方法
铬酸钾	黄	砖红	将 5 g K_2CrO_4 溶于水中，稀释至 100 mL
硫酸铁铵	无色	血红	将 40 g $NH_4Fe(SO_4)_2 \cdot H_2O$ 溶于水，加几滴硫酸，用水稀释至 100 mL
荧光黄	绿色荧光	玫瑰红	将 0.5 g 荧光黄溶于乙醇，用乙醇稀释至 100 mL
二氯荧光黄	绿色荧光	玫瑰红	将 0.1 g 二氯荧光黄溶于乙醇，用乙醇稀释至 100 mL
曙红	黄	玫瑰红	将 0.5 g 曙红钠盐溶于水，稀释至 100 mL

表 7-6　金属离子指示剂

指示剂名称	颜色		配制方法
	化合物	游离态	
铬黑 T(EBT)	红	蓝	(1)称取 0.50 g 铬黑 T 和 2.0 g 盐酸羟胺，溶于乙醇，用乙醇稀释； (2)将 1.0 g 铬黑 T 与 100.0 gNaCl 研细，混匀
二甲酚橙(XO)	红	黄	2 g·L^{-1}水溶液(去离子水)
钙指示剂	酒　红	蓝	将 0.50 g 钙指示剂与 100.0 g NaCl 研细，混匀
紫脲酸铵	黄	紫	将 1.0 g 紫脲酸铵与 200.0 g NaCl 研细，混匀
K-B 指示剂	红	蓝	0.50 g 酸性铬蓝 K 加 1.250 g 萘酚绿 B，再加 25.0 g K_2SO_4研细混匀
磺基水杨酸	红	无　色	10 g·L^{-1}水溶液
PAN	红	黄	2 g·L^{-1}乙醇溶液
Cu-PAN (CuY+PAN)	红 Cu-PAN	浅绿 CuY-PAN	取 0.05 mol·$L^{-1}$$Cu^{2+}$溶液 10 mL，加 pH 为 5～6 的 HAc 缓冲溶液 5 mL，1 滴 PAN 指示剂，加热至 60℃左右，用EDTA 滴至绿色，得到 0.025 mol·L^{-1} 的 CuY 溶液。使用时取 2～3 mL于试液中，再加数滴 PAN 溶液

表 7-7　氧化还原指示剂

指示剂名称	变色电位/V	颜色		配制方法
		氧化态	还原态	
二苯胺	0.76	紫	无　色	1 g 二苯胺在搅拌下溶于 100 mL 浓硫酸中
二苯胺磺酸钠	0.85	紫	无　色	5 g·L^{-1}水溶液
邻菲啰啉-Fe(Ⅱ)	1.06	淡　蓝	红	将 0.5 g $FeSO_4·7H_2O$ 溶于 100 mL 水中，加 2 滴硫酸，再加 0.5 g 邻菲啰啉
邻苯氨基苯甲酸	1.08	紫　红	无	将 0.2 g 邻苯氨基苯甲酸加热溶解在 100 mL 0.2% $NaCO_3$溶液中，必要时过滤
硝基邻二氮菲 Fe(Ⅱ)	1.25	淡　蓝	紫　红	将 1.7 g 硝基邻二氮菲溶于 100 mL 0.025 mol·L^{-1} Fe^{2+}溶液中
淀　粉				将 1 g 可溶性淀粉加少许水调成糊状，在搅拌下注入 100 mL 沸水中，微沸 2 min，放置，取上层清液使用(若要保持稳定，可在研磨淀粉时加 1 mg HgI_2)

表 7－8 为常用洗液的配制。

表 7－8 常用洗液的配制

洗液名称	配制方法	用途
合成洗涤剂（也可用肥皂水）	将合成洗涤剂粉用热水搅拌配成浓溶液	用于一般的洗涤
铬酸洗液	取 20 g K_2CrO_7 于 500 mL 烧杯中，加水 40 mL，加热溶解，冷却，缓缓加入 320 mL 工业级 H_2SO_4 即成（注意边加边搅），储于磨口细口瓶中	用于洗涤油污及有机物，使用时防止被水稀释。用后倒回原瓶，可反复使用，直至溶液变为绿色（可以再生）
$KMnO_4$ 碱性洗液	取 4 g $KMnO_4$ 溶于少量水中，缓缓加入 100 mL 10％ NaOH 溶液	用于洗涤油污及有机物。洗后玻璃壁上附着的 MnO_2 沉淀，可用粗亚铁或 Na_2SO_3 溶液洗去
碱性酒精溶液	30％～40％NaOH 酒精溶液	用于洗涤油污

附录　常用数据表

附表1　常用元素的相对原子质量

元素名称	原子量	元素名称	原子量
银 Ag	107.87	锂 Li	6.941
铝 Al	26.98	镁 Mg	24.31
硼 B	10.81	锰 Mn	54.938
钡 Ba	137.34	钼 Mo	95.94
溴 Br	79.904	氮 N	14.007
碳 C	12.00	钠 Na	22.99
钙 Ca	40.08	镍 Ni	58.71
氯 Cl	35.45	氧 O	15.999
铬 Cr	51.996	磷 P	30.97
铜 Cu	63.54	铅 Pb	207.19
氟 F	18.998	钯 Pd	106.4
铁 Fe	55.847	铂 Pt	195.09
氢 H	1.008	硫 S	32.064
汞 Hg	200.59	硅 Si	28.086
碘 I	126.904	锡 Sn	118.69
钾 K	39.10	锌 Zn	65.37

附表2　常用化合物的相对分子质量

化合物	相对分子质量	化合物	相对分子质量
Ag_3AsO_4	462.52	$Al(OH)_3$	78.00
$AgBr$	187.77	$Al_2(SO_4)_3$	342.14
$AgCl$	143.32	$Al_2(SO_4)_3 \cdot 18H_2O$	666.41
$AgCN$	133.89	As_2O_3	197.84
Ag_2CrO_4	331.73	As_2O_5	229.84
AgI	234.77	As_2S_3	246.02
$AgNO_3$	169.87	$BaCO_3$	197.34
$AgSCN$	165.95	BaC_2O_4	225.35
$AlCl_3$	133.34	$BaCl_2$	208.24
$AlCl_3 \cdot 6H_2O$	241.43	$BaCl_2 \cdot 2H_2O$	244.27
$Al(NO_3)_3$	213.00	$BaCrO_4$	253.32
$Al(NO_3)_3 \cdot 9H_2O$	375.13	BaO	153.33
Al_2O_3	101.96	$Ba(OH)_2$	171.34

续表

化合物	相对分子质量	化合物	相对分子质量
$Ca_3(PO_4)_2$	310.18	Fe_2S_3	207.87
$CdCO_3$	172.42	$FeSO_4$	151.90
$CdCl_2$	183.32	$FeSO_4 \cdot 7H_2O$	278.02
CdS	14.4. 47	$Fe_2(SO_4)_3$	399.89
$Ce(SO_4)_2$	332.24	$FeSO_4(NH_4)2SO_4 \cdot 6H_2O$	392.13
$Ce(SO_4)_2 \cdot 4H_2O$	404.30	H_3AsO_3	125.94
CH_3COOH	60.05	H_3AsO_4	141.94
CH_3OH	32.04	H_3BO_3	61.83
CH_3COCH_3	58.08	HBr	80.91
C_6H_5COOH	122.12	$H_6C_4O_6$	150.09
C_6H_5COONa	144.10	酒石酸	
$C_6H_4COOHCOOK$	204.22	$BaSO_4$	233.39
邻苯二甲酸氢钾		$BiCl_3$	315.34
CH_3COONa	82.03	BiOCl	260.43
$COOHCH_2COOH$	104.06	$CaCO_3$	100.09
$COOHCH_2COONa$	126.04	CaC_2O_4	128.10
CCl_4	153.81	$CaCl_2$	110.98
CO_2	44.01	$CaCl_2 \cdot H_2O$	129.00
$CoCl_2$	129.84	CaF_2	78.07
$CoCl_2 \cdot 6H_2O$	237.93	$Ca(NO_3)_2$	164.09
$Co(NO_3)_2$	132.94	$Ca(NO_3)_2 \cdot 4H_2O$	236.15
$Co(NO_3)_2 \cdot 6H_2O$	291.03	CaO	56.08
CoS	90.99	$Ca(OH)_2$	74.09
$CoSO_4$	154.99	$CaSO_4$	136.14
$CoSO_4 \cdot 7H_2O$	281.10	H_2O_2	34.02
$Co(NH_2)_2$	60.06	H_3PO_4	98.00
CuS	95.61	H_2S	34.08
$CuSO_4$	159.60	H_2SO_3	82.08
$CuSO_4 \cdot 5H_2O$	249.68	H_2SO_4	98.07
$FeCl_2$	126.75	$Hg(CN)_2$	252.63
$FeCl_2 \cdot 4H_2O$	198.81	$HgCl_2$	271.50
$FeCl_3$	162.21	Hg_2Cl_2	472.09
$FeCl_3 \cdot 6H_2O$	270.30	HgI_2	454.40
$FeNH_4(SO_4)_2 \cdot 12H_2O$	482.18	$Hg_2(NO_3)_2$	525.19
$Fe(NO_3)_3$	241.86	$Hg_2(NO_3)_2 \cdot 2H_2O$	561.22
$Fe(NO_3)_3 \cdot 9H_2O$	404.00	$Hg(NO_3)_2$	324.60
FeO	71.85	HgO	216.59
Fe_2O_3	159.69	HgS	232.65
Fe_3O_4	231.54	$HgSO_4$	296.65
$Fe(OH)_3$	106.87	Hg_2SO_4	497.24
FeS	87.91	$CrCl_3$	158.35

续 表

化合物	相对分子质量	化合物	相对分子质量
$CrCl_3 \cdot 5H_2O$	266.45	Na_2CO_3	105.99
$Cr(NO_3)_3$	238.01	$Na_2CO_3 \cdot 10H_2O$	286.14
Cr_2O_3	151.99	$Na_2C_2O_4$	134.00
CuCl	98.999	NaCl	58.443
$CuCl_2$	134.45	NaClO	74.442
$CuCl_2 \cdot 2H_2O$	170.48	NaF	41.99
CuSCN	121.62	$NaHCO_3$	84.007
CuI	190.45	NaH_2PO_4	119.98
$Cu(NO_3)_2$	187.56	$NaH_2PO_4 \cdot 12H_2O$	358.14
$Cu(NO_3)_2 \cdot 3H_2O$	241.60	$Na_2H_2Y \cdot 2H_2O$	372.24
CuO	79.54	$NaNO_2$	68.995
Cu_2O	143.09	$NaNO_3$	84.995
K_2SO_4	174.26	Na_2O	61.979
$MgCO_3$	84.314	Na_2O_2	77.978
$MgCl_2$	95.211	NaOH	39.997
$MgCl_2 \cdot 6H_2O$	203.30	Na_3PO_4	163.94
MgC_2O_4	112.33	KBr	119.00
$Mg(NO_3)2 \cdot 6H_2O$	256.41	$KBrO_3$	167.00
$MgNH_4PO_4$	137.32	K_2CO_3	138.21
MgO	40.304	KC1	74.56
$Mg(OH)_2$	58.32	$KClO_3$	122.55
$Mg_2P_2O_7$	222.55	$KClO_4$	138.55
$MgSO_4 \cdot 7H_2O$	246.47	KCN	65.116
$MnCO_3$	114.95	KSCN	97.18
$MnCl_2 \cdot 4H_2O$	197.91	K_2CrO_4	194.19
$Mn(NO_3)_2 \cdot 6H_2O$	287.04	$K_2Cr_2O_7$	294.18
MnO	70.937	$K_3Fe(CN)_6$	329.25
MnO_2	86.937	$K_4Fe(CN)_6$	368.35
HCN	27.03	$KFe(SO_4)_2 \cdot 12H_2O$	503.24
HCOOH	46.03	$KHC_2O_4 \cdot H_2O$	146.14
H_2CO_3	62.03	$KHC_2O_4 \cdot H_2C_2O_4 \cdot 2H_2O$	254.19
$H_2C_2O_4$	90.04	$KHC_4H_4O_6$	188.18
$H_2C_2O_4 \cdot 2H_2O$	126.07	$KHSO_4$	136.16
HC1	36.46	KI	166.00
HC1O4	100.46	KIO_3	214.00
HF	20.01	$KIO_3 \cdot HIO_3$	389.91
HI	127.91	$KMnO_4$	158.03
HIO_3	175.91	$KNa\ C_4H_4O_6 \cdot 4H_2O$	282.22
HNO_2	47.01	KNO_2	85.10
HNO_3	63.01	KNO_3	101.10
H_2O	18.02	K_2O	92.196

续 表

化合物	相对分子质量	化合物	相对分子质量
KOH	56.106	$NiCl_2 \cdot 6H_2O$	237.69
Pb_3O_4	685.57	NiO	74.69
$Pb_3(PO_4)_2$	811.54	$Ni(NO_3)_2 \cdot 6H_2O$	290.79
PbS	239.30	NiS	90.75
MnS	87.00	$NiSO_4 \cdot 7H_2O$	280.85
$MnSO_4$	151.00	$NiC_8H14O_4N_4$	288.91
$MnSO_4 \cdot 6H_2O$	223.06	丁二酮肟镍	
NO	30.006	P_2O_5	141.95
NO_2	46.006	$PbCO_4$	267.20
NH_3	17.03	PbC_2O_4	295.22
$NH_3 \cdot H_2O$	35.03	$PbCl_2$	278.10
CH_3COONH_4	77.083	$PbCrO_4$	323.18
NH_4Cl	53.491	$Pb(CH_3COO)_2$	325.30
$(NH_4)_2CO_3$	96.086	$Pb(CH_3COO)_2 \cdot 3H_2O$	379.30
$(NH_4)_2C_3O_4$	124.10	PbI_2	461.00
$(NH_4)_2C_2O_4 \cdot H_2O$	142.11	$Pb(NO_3)_2$	331.20
NH_4SCN	76.12	PbO	223.19
NH_4HCO_3	79.055	PbO_2	239.19
$(NH_4)_2MoO_4$	196.01	$ZnCO_3$	125.39
NH_4NO_3	80.043	ZnC_2O_4	153.40
$(NH_4)_2HPO_4$	132.06	$ZnCl_2$	136.29
$(NH_4)_2S$	68.14	$PbSO_4$	303.30
$(NH_4)_2SO_4$	132.13	SO_2	64.06
NH_4VO_3	116.98	SO_3	80.06
Na_3AsO_3	191.89	$SbCl_3$	228.11
$Na_2B_4O_7$	201.22	$SbCl_5$	299.02
$Na_2B_4O_7 \cdot 10H_2O$	381.37	Sb_2O_3	291.50
$NaBiO_3$	279.97	Sb_2S_3	339.68
$NaBr$	102.90	SiF_4	104.08
$NaCN$	49.01	SiO_2	60.08
$SnCl_2$	189.62	$SnCO_3$	178.72
$SnCl_2 \cdot 2H_2O$	225.65	$SnCl_4 \cdot 5H_2O$	350.60
$SnCl_4$	260.52	SnO_2	150.71
Na_2S	78.04	SnS	150.78
$Na_2S \cdot 9H_2O$	240.18	$SrCO_3$	147.63
Na_2SO_3	126.04	SrC_2O_4	175.64
Na_2SO_4	142.04	$SrCrO_4$	203.61
$Na_2SO_4 \cdot 10H_2O$	322.20	$Sr(NO_3)_2$	211.63
$Na_2S_2O_3$	158.10	$Sr(NO_3)_2 \cdot 4H_2O$	283.69
$Na_2S_2O_3 \cdot 5H_2O$	248.17	$SrSO_4$	183.68
Na_2SiF_6	188.06	$UO_2(CH_3COO)_2 \cdot 2H_2O$	424.15

续 表

化合物	相对分子质量	化合物	相对分子质量
$Zn(CH_3COO)_2$	183.47	ZnS	97.44
$Zn(CH_2COO)_2 \cdot 2H_2O$	219.50	$ZnSO_4$	161.44
$Zn(NO_3)_2$	189.39	$ZnSO_4 \cdot 7H_2O$	287.54
$Zn(NO_3)_2 \cdot 6H_2O$	297.48	TiO_2	79.88
ZnO	81.38		

附表 3 市售浓酸和氨水的密度及其近似浓度

	HCl	H_2SO_4	HNO_3	$NH_3 \cdot H_2O$
密度/$(g \cdot cm^{-3})$	1.19	1.84	1.42	0.89
摩尔浓度/$(mol \cdot L^{-1})$	12	18	16	15
质量百分比浓度/(%)	38	98	69	28

附表 4 市售浓酸和氨水配制一定质量分数的溶液*

溶液	密度 $g \cdot cm^{-3}$	配制相应浓度所需溶液的体积/mL					
		25%	20%	10%	5%	2%	1%
HCl	1.19	635	497	237	115.5	45.5	33.0
H_2SO_4	1.84	168	130	61	29.0	11.5	6.0
HNO_3	1.42	313	244	115	56.0	22.0	11.0
$NH_3 \cdot H_2O$	0.89	无须稀释	814	422	215	87.0	44.0

*用移液管或量筒按表中所列数据量取市售浓酸或氨水，加水稀释至 1 L。(注意：浓硫酸须先注入适量水中成稀溶液后，再用水稀释至 1 L)

附表 5 常用摩尔浓度酸碱溶液的配制

溶液名称		浓度 $mol \cdot L^{-1}$	配制方法
酸类	盐酸	6	取 $12mol \cdot L^{-1}$ HCl 与等体积水混合
		4	取 12 $mol \cdot L^{-1}$ HCl 334 mL 加水稀释至 1 000 mL
		3	取 12 $mol \cdot L^{-1}$ HCl 250 mL 加水稀释至 1 000 mL
		2	取 12 $mol \cdot L^{-1}$ HCl 167 mL 加水稀释至 1 000 mL
		1	取 12 $mol \cdot L^{-1}$ HCl 84 mL 加水稀释至 1 000 mL
	硫酸	6	取 18 $mol \cdot L^{-1}$ H_2SO_4 334 mL，缓缓注入约 600 mL 水中，再加水稀释至 1 000 mL
		3	取 18 $mol \cdot L^{-1}$ H_2SO_4 167 mL，缓缓注入约 800 mL 水中，再加水稀释至 1 000 mL
		1	取 18 $mol \cdot L^{-1}$ H_2SO_4 56 mL，缓缓注入约 900 mL 水中，再加水稀释至 1 000 mL

续表

类别	溶液名称	浓度/($mol \cdot L^{-1}$)	配制方法
酸类	硝酸	6	取 16 $mol \cdot L^{-1}$ HNO_3 375 mL 加水稀释至 1 000 mL
酸类	硝酸	3	取 16 $mol \cdot L^{-1}$ HNO_3 188 mL 加水稀释至 1 000 mL
酸类	硝酸	2	取 16 $mol \cdot L^{-1}$ HNO_3 125 mL 加水稀释至 1 000 mL
酸类	硝酸	1	取 16 $mol \cdot L^{-1}$ HNO_3 63 mL 加水稀释至 1 000 mL
酸类	乙酸	1	取 17 $mol \cdot L^{-1}$ HAc 59 mL 加水稀释至 1 000 mL
碱类	氢氧化钠	6	将 240 g NaOH 溶于约 100 mL 水中，再加水稀释至 1 000 mL
碱类	氢氧化钠	3	将 120 g NaOH 溶于约 100 mL 水中，再加水稀释至 1 000 mL
碱类	氢氧化钠	2	将 40 g NaOH 溶于约 100 mL 水中，再加水稀释至 1 000mL
碱类	氨水	6	取 15 $mol \cdot L^{-1}$ 氨水 400 mL 加水稀释至 1 000 mL
碱类	氨水	2	取 15 $mol \cdot L^{-1}$ 氨水 134 mL 加水稀释至 1 000 mL
碱类	氨水	1	取 15 $mol \cdot L^{-1}$ 氨水 67 mL 加水稀释至 1 000 mL
碱类	氢氧化钾	6	将 339 g KOH 溶于约 200 mL 水中，再加水稀释至 1 000 mL
碱类	氢氧化钙	0.05	将约 1.5 g CaO 或 2 g $Ca(OH)_2$ 置于 1 000 mL 水中，搅动得到饱和溶液，过滤后储存于试剂瓶中盖严

附表 6　不同温度下水的密度

t/℃	ρ/($g \cdot cm^{-3}$)	t/℃	ρ/($g \cdot cm^{-3}$)	t/℃	ρ/($g \cdot cm^{-3}$)
0	0.999 87	20	0.998 23	40	0.992 24
1	0.999 93	21	0.998 02	41	0.991 86
2	0.999 97	22	0.997 80	42	0.991 47
3	0.999 99	23	0.997 56	43	0.991 07
4	1.000 00	24	0.997 32	44	0.990 66
5	0.999 99	25	0.997 07	45	0.990 25
6	0.999 97	26	0.996 81	46	0.989 82
7	0.999 97	27	0.996 54	47	0.989 40
8	0.999 88	28	0.996 26	48	0.988 96
9	0.999 78	29	0.995 97	49	0.988 52
10	0.999 73	30	0.995 67	50	0.988 07
11	0.999 63	31	0.995 37	51	0.987 62
12	0.999 52	32	0.995 05	52	0.987 15
13	0.999 40	33	0.994 73	53	0.986 69
14	0.999 27	34	0.994 40	54	0.986 21
15	0.999 13	35	0.994 06	55	0.985 73
16	0.998 97	36	0.993 71	60	0.983 24
17	0.998 80	37	0.993 36	65	0.980 59
18	0.998 62	38	0.992 99	70	0.977 81
19	0.998 43	39	0.992 62	75	0.974 89

附表 7　不同温度下水的饱和蒸汽压　　单位：$\times 10^2$ Pa

t/℃	0.0	0.2	0.4	0.6	0.8
0	6.105	6.195	6.286	6.379	6.473
1	6.567	6.663	6.759	6.858	6.958
2	7.058	7.159	7.262	7.366	7.473
3	7.579	7.687	7.797	7.907	8.019
4	8.134	8.249	8.365	8.483	8.603
5	8.723	8.846	8.970	9.095	9.222
6	9.350	9.481	9.611	9.745	9.881
7	10.016	10.155	10.295	10.436	10.580
8	10.726	10.872	11.022	11.172	11.324
9	11.478	11.635	11.792	11.952	12.114
10	12.278	12.443	12.610	12.779	12.951
11	13.124	13.300	13.478	13.658	13.839
12	14.023	14.210	14.397	14.587	14.779
13	14.973	15.171	15.369	15.572	15.776
14	15.981	16.191	16.401	16.615	16.831
15	17.049	17.269	17.493	17.719	17.947
16	18.177	18.410	18.648	18.886	19.128
17	19.372	19.618	19.869	20.121	20.377
18	20.634	20.896	21.160	21.426	21.694
19	21.968	22.245	22.523	22.805	23.090
20	23.378	23.669	23.963	24.261	24.561
21	24.865	25.171	25.482	25.797	26.114
22	26.434	26.758	27.086	27.418	27.751
23	28.088	28.430	28.775	29.124	29.478
24	29.834	30.195	30.560	30.928	31.299
25	31.672	32.049	32.432	32.820	33.213
26	33.609	34.009	34.413	34.820	35.232
27	35.649	36.070	36.496	36.925	37.358
28	37.796	38.237	38.683	39.135	39.593
29	40.054	40.519	40.990	41.466	41.945
30	42.429	42.918	43.411	43.908	44.412
31	44.923	45.439	45.958	46.482	47.011
32	47.547	48.087	48.632	49.184	49.740
33	50.301	50.869	51.441	52.020	52.605
34	53.193	53.788	54.390	54.997	55.609
35	54.895	56.854	57.485	58.122	58.766
36	59.412	60.067	60.727	61.395	62.070
37	62.751	63.437	64.131	64.831	65.537
38	66.251	66.969	67.693	68.425	69.166
39	69.917	70.673	71.434	72.202	72.977
40	73.759	74.54	75.34	76.14	76.95
41	77.78	78.61	79.43	80.29	81.14

续 表

t/℃	0.0	0.2	0.4	0.6	0.8
42	81.99	82.85	83.73	84.61	85.49
43	86.39	87.30	88.21	89.14	90.07
44	91.00	91.95	92.91	93.87	94.85
45	95.83	96.82	97.81	98.82	99.83
46	100.86	101.90	102.94	103.99	105.06
47	106.12	107.20	108.30	109.39	110.48
48	111.60	112.74	113.88	115.03	161.18
49	117.35	118.52	119.71	120.91	122.11
50	123.34	124.6	125.8	127.0	128.4

参考文献

[1] 大连理工大学无机化学教研室.无机化学实验.北京:高等教育出版社,2004.

[2] 北京师范大学无机化学教研室.无机化学实验.北京:高等教育出版社,2001.

[3] 吕苏琴,张春荣,揭念芹.基础化学实验.北京:科学出版社,2006.

[4] 刘秉涛.工科大学化学实验.哈尔滨:哈尔滨工业大学出版社,2006.

[5] 崔学桂,张晓丽,胡清萍.基础化学实验(Ⅰ)无机及分析化学实验.北京:化学工业出版社,2007.

[6] 刘汉兰,陈浩,文利柏.基础化学实验.北京:科学出版社,2006.

[7] 刁国旺.大学化学实验(基础知识与仪器分册).南京:南京大学出版社,2006.